인류의 진화는 구운 열매에서 시작되었다

인류의 진화는
구운 열매에서 시작되었다

700만 년의 역사가
알려주는 궁극의 식사

NHK 스페셜 〈식의 기원〉 취재팀 | 조영주 옮김

필름

인류 진화에서 찾은 이상적인 식사법

음식은 우리에게 다양한 행복을 맛보게 해주는 소중한 존재입니다. 그 영양분은 우리 몸을 구성하고 건강을 지탱해 주지요. 맛있는 음식을 먹을 때는 큰 행복을 느끼기도 합니다. '한솥밥 먹는 사이'라는 말이 있듯이 함께 밥을 먹으면서로 가까워지고 유대감까지 생기지요.

하지만 이렇게 중요한 음식에 지금 이변이 생기고 있습니다. 건강한 몸을 만들어주는 음식이 도리어 비만과 당뇨병, 고혈압 같은 생활습관병을 급증시키고 있는 것이지요.

한편으로는 건강에 대한 의식 수준이 높아지면서 저탄수화물 다이어트, 저지방 다이어트, 과일 다이어트 등 새로운 다이어트 정보가 잇따라 등장하고는 사라져갑니다. 오늘도 우리는 정보에 떠밀려 우왕좌왕하고 있습니다.

무엇을 어떻게 먹으면 좋을까요? 그 답은 '인류 진화'의 역사에서 찾을 수 있습니다.

우리의 평소 식단은 밥과 국 위주의 식사에서 서양식으로 변화해왔습니다. 어른뿐 아니라 어린이의 식생활도 바뀌고 있지요. 요 몇 년 사이 어린이의 아침식사 결식률은 계속해서 높아지고 있습니다. 맞벌이 가정이 증가하면서 아이가 혼자 밥을 먹어야 하는 '혼밥'도 사회 문제로 떠올랐습니다.

건강과 행복을 주는 존재였던 음식이 어쩌다 이렇게 된 것일까요? 인간을 진정 건강하고 행복하게 만들어줄 음식은 어떤 것일까요?

이 질문을 계기로 NHK 스페셜 〈식의 기원〉 시리즈를 제작하게 되었습니다.

세상은 맛있는 음식으로 가득합니다. 맛있는 음식은 인간을 행복하게 합니다. 그렇지만 자칫 잘못 먹으면 비만이나 당뇨병, 심장병과 암까지 일으키는 것도 바로 음식입니다.

이상적인 음식, 이상적인 식사란 무엇일까요?

음식을 통해 우리는 행복감을 느끼고 목숨을 유지하지요. 그러나 그 음식이 오늘날 질병의 씨앗이 되어 우리를 고

통스럽게 하기도 합니다.

'식생활과 건강'을 다룰 때는 항상 뒤따르는 과제가 있습니다. 너무나도 빨리 변하는 정보입니다. 지금 한창 유행하고 있는 저탄수화물 다이어트를 예로 들어볼까요?

밥이나 빵 같은 탄수화물(당질)의 섭취를 줄이는 것이 건강에 좋다는 정보가 넘쳐나고 있지만, 십수 년 전까지는 주식을 충분히 섭취하는 다이어트가 유행이었습니다. 그 외에도 낫토가 몸에 좋다고 하면 낫토 다이어트가 유행하고, 바나나가 좋다고 하면 바나나 다이어트가 유행했지요.

그런 식사가 정말 바람직할까요? 그렇지 않다고 우리는 생각했습니다. 우리에게 진짜 필요한 것은 '보편적으로 이상적인 식사'일 것입니다.

건강에 좋은 음식은 유행 따라 시시각각 변하는 음식이 아닙니다. 옛사람들이 고르고 택해서 생명을 이어온 음식이라면 분명 그 의미가 있을 것입니다. 인류는 음식으로 생존하며 지금까지 번영할 수 있었으니 말입니다.

이 점에 착안한 우리는 인류 진화의 역사에 주목했습니다. 인류가 탄생한 것은 700만 년 전으로 거슬러 올라갑니다. 굶주림과의 전쟁 중 인류는 항상 새로운 먹거리를 찾는 일에 힘을 쏟았습니다. 그리고 새로운 먹거리를 찾아내어 그 음식의 힘으로 크게 진화해왔지요.

그중 몇 가지 예로, 육식과 가열 조리로 인류의 뇌가 커진 일과 고도 경제 성장을 거치며 반찬의 종류가 늘어나자 우리의 수명이 대폭 연장된 일을 들 수 있습니다. 다시 말하면 음식은 인류 진화의 원동력이며, 그 진화를 거듭해온 결과 지금의 인류가 있는 것입니다.

이 책은 2019년 가을부터 2020년까지 전 5회 시리즈로 방송된 NHK 스페셜 〈식의 기원〉의 취재 내용에 더해, 2019년부터 2020년까지 아침 생활정보 프로그램 〈아사이치Asaichi〉에서 5회에 걸쳐 방송된 '바로 쓸 수 있는 실용 정보' 내용도 충실히 담았습니다. 탄수화물, 소금, 지방, 술, 미식이라는 5가지 주제를 놓고 인류 진화사에서 살펴본 '이상적인 식사'를 연구했습니다. 미약하나마 이 책이 앞으로의 식생활을 살펴보는 데 작은 계기가 된다면 더없이 좋겠습니다.

NHK 스페셜 〈식의 기원〉 취재팀,

NHK 〈아사이치〉 취재팀

차례

1장
밥은 우리 몸의 적군일까, 아군일까?

2장
소금이 없으면, 왜 뭔가 부족한 느낌이 들까?

3장
지방이 뇌 기능을
향상시키는 게 사실일까?

4장

술, 왜 과음하게
되는 걸까?

5장

우리는 왜 끊임없이
맛있는 음식을 찾을까?

밥은 우리 몸의 적군일까, 아군일까?

포식의 시대, 탄수화물 최적 섭취량의 진실

밥은 우리의 소울푸드이면서도 탄수화물을 다량 함유하고 있다는 이유로 몇 년 전부터 '비만의 원흉' 취급을 받아왔다. 하지만 최근에는 당질 섭취가 부족하면 수명이 줄어든다는 충격적인 연구 결과도 보고되고 있다. 밥은 무병장수의 적군일까, 아군일까? 인류와 탄수화물의 관계를 뿌리까지 거슬러 올라가보니, 밥에는 동양인의 유전자와 장내세균까지 변화시키는 놀라운 힘이 숨어 있다는 사실을 알 수 있었다.

탄수화물은 정말
우리 건강의 적일까?

밥을 제한하는 저탄수화물 다이어트

최근 저탄수화물 다이어트가 크게 유행하고 있다. 온라인 쇼핑몰에서는 곤약 즉석밥이나 당질을 제한한 도시락을 손쉽게 구입할 수 있다. 외식업계에서는 밥 대신 달걀을 넣은 김밥을 메뉴로 선보이기도 하고, 저탄수화물을 표방한 베이커리와 샐러드 가게도 속속 생겨나고 있다.

도쿄의 한 요리 교실. 다이어트 중인 사람들에게 인기가 많은 이 강좌에서는 다진 콜리플라워가 밥처럼 보이는 콜리플라워 라이스를 만들고 있었다. 저탄수화물 식단인데도 카레를 부어 먹으면 밥을 먹을 때와 같은 만족감을 느낄 수 있어서 다이어트에 효과적이라며 다들 호평했다고 한다.

수강생 중에는 꾸준히 당질제한식을 하고 있어서 1년 중 360일은 밥을 먹지 않는다는 남성도 있었다. '탄수화물＝살 찌기 쉬운 음식'이라는 공식이 모두의 머릿속에 깊이 새겨진 듯했다.

실제로 저탄수화물 다이어트로 체중을 감량했다는 사람들의 성공담도 심심찮게 들을 수 있다. 밥 한 공기면 각설탕 14개분의 당분을 섭취하게 된다는 설명도 눈에 들어온다. 밥 한 공기 옆에 쌓여 있는 각설탕의 양을 보면 당연히 건강에 해로울 것이라는 생각이 든다. 이렇게 우리의 주식인 밥은 건강하지 못한 먹거리로 천덕꾸러기가 되어버린 것이다.

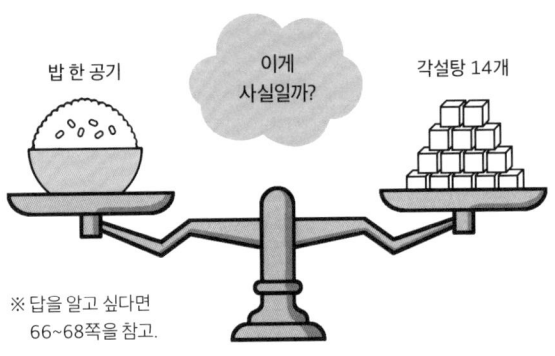

밥 한 공기 　이게 사실일까? 　각설탕 14개

※ 답을 알고 싶다면 66~68쪽을 참고.

밥을 먹으면 건강해진다는 연구 결과도 있다

이와는 정반대로 밥을 먹으면 건강해진다는 연구 결과가 최근 발표되었다. 그 연구가 이루어진 곳은 바로 후쿠시마 교도소다. 교도소 의무과에 근무하며 수감자 의료에 종사해 온 내과의이자 정신과 전문의인 히나타 마사미쓰 씨는 2004년부터 2010년까지 6년간 수감자의 건강을 살펴왔다.

수감자는 하루 세 번의 식사를 한다. 반찬은 적은 편이고 보리가 섞인 밥을 양껏 먹는다. 이렇게 탄수화물을 섭취하는데도 체중은 늘기는커녕 평균 3킬로그램씩 줄었다. 콜레스테롤 수치도 140mg/dl(데시리터당밀리그램, 콜레스테롤과 혈당의 단위)에서 119mg/dl로 떨어졌다. 혈당의 평균치를 나타내는 당화혈색소^{HbA1c} 수치는 8.5퍼센트로 당뇨병 수준이었던 어느 수감자도 정상 수준인 5.9퍼센트까지 낮아졌다. 한 수감자의 이야기를 들어보았다.

"바깥에서 혈당 수치가 제일 높았을 때는 160까지도 갔었는데, 지금은 70에서 80 정도로 떨어졌어요."

히나타 마사미쓰 씨는 이렇게 이야기한다.

"한두 명이 아니라 수십 명씩 개선되는 걸 보니 그냥 우연은 아니겠구나 싶었어요. 왜 이렇게 나아진 건지 정말 신기했습니다."

이런 사례가 있으니 부지런히 밥을 챙겨 먹는 편이 좋을까?

일본은 약 3,000~4,000년 전인 조몬시대(일본 선사시대 중 B.C. 13000년경부터 B.C. 300년까지의 기간)에 농경을 시작했다. 밥은 점차 주식으로 자리 잡았고, 에도시대(1603~1868년)에는 많은 이들이 하루에 5홉(약 900cc) 정도의 밥을 먹었다고 알려져 있다.

이토록 오랫동안 우리 식생활에 뿌리내린 밥이 정말 건강을 해치는 악당일까? 만약 그렇다면 왜 옛사람들은 몸에 독이 될 음식을 주식으로 삼았을까? 정말 탄수화물이 건강을 해치는 악당이라면, 왜 전 세계의 식문화에는 탄수화물로 가득한 주식이 넘쳐나는 것일까?

꼬리에 꼬리를 물고 궁금증이 생겨났다. 먼저 인류가 언제부터 어떤 이유로 밥과 같은 탄수화물을 다량 섭취하게 되었는지 그 까닭을 살펴보며 '이상적으로 탄수화물을 섭취하는 법'을 알아보자.

수렵 채집의 시대,
인류의 주식은 고기가 아니었다

팔레오 다이어트 모임

당질 섭취를 줄여야 건강해진다고 주장하는 저탄수화물 다이어트의 배경에는 미국에서 시작된 팔레오 다이어트(구석기 시대의 식단) 식사법이 있다. 우리 취재팀은 팔레오 다이어트 모임이 주최한 파티를 취재하기로 했다.

시애틀 교외의 주택에서 열린 저녁 모임에 20대부터 60대까지 폭넓은 세대의 사람들이 스무 명 남짓 모였다. 와인으로 건배를 하고는 다들 테이블 위의 음식에 손을 뻗었다. 음식은 스테이크와 등갈비구이 등 많은 양의 고기 요리, 견과류와 채소, 과일 등이었다. 주식이 될 빵이나 파스타는 보이지 않았다.

팔레오 다이어트는 구석기 시대 원시인의 식사를 실천하는 식사법이다. 파티의 주최자인 남성은 "구석기 시대는 인류가 수렵 채집 활동을 하던 시기라서 주식이 당연히 고기였습니다"라고 말했다. 그 외에는 나무 열매나 식물을 먹었고 당질은 필요하지 않았으며 인류의 700만 년 역사 중에서 탄수화물을 섭취하기 시작한 것은 농경을 시작한 1만 년 전으로 나머지 699만 년 동안은 육류가 주식이었다는 설명이다.

"인류 역사 중 대부분은 고기가 주식이었어요. 그래서 우리 몸도 고기를 주식으로 먹을 때 건강해지는 거지요."

모임의 참가자들은 차례차례 취재팀 곁으로 다가와 팔레오 다이어트를 통해 자신이 얼마나 건강해졌는지 이야기했다. 스마트폰 속 사진을 보여주며 20킬로그램 체중 감량에 성공했다고 말하는 20대 여성이 있는가 하면, 아들의 권유로 팔레오 식단을 시작하자 컨디션이 좋아지고 활력이 생겼다는 70대 남성도 만날 수 있었다. 이들의 이야기를 들으며 머릿속에 한 가지 의문이 떠올랐다.

'인류가 당질을 섭취하기 시작한 시기가 정말 농경이 시작된 1만 년 전일까?'

이 질문에서부터 탄수화물과 인류의 관계를 탐구하는 우리의 여정이 시작되었다.

구석기 인류의 치아에는 녹말이 묻어 있었다

스페인의 북부 도시 빌바오에서 2시간 정도 떨어진 곳에 고대 동굴 유적이 있다. 하얀 산 표면에 입구가 여러 개 있는 거대한 동굴로, 구석기 시대 인류가 주거지로 사용한 곳이다. 지금도 각국의 연구자가 발굴 작업을 계속하고 있으며 대량의 석기와 사람 뼈, 인간이 먹은 동물 뼈 등 당시 생활상을 짐작해볼 수 있는 여러 유물이 발견되고 있다.

스페인 자치대학의 카렌 하디 박사는 이 유적에서 찾은 구석기 시대 인류의 치아 분석을 통해 커다란 발견을 했다. 치아에 붙어 있는 치석에서 '녹말 입자'가 보인 것이다. 녹말은 탄수화물의 일종이다. 탄수화물은 밥이나 빵 등 곡물의 주성분인 녹말과 단맛이 나는 설탕이나 과당 등의 당류로 크게 나뉜다.

우리는 박사의 연구실에서 구석기 시대 인류의 치석을

현미경 영상으로 볼 수 있었다. 둥근 것과 네모난 것 등 다양한 모양의 입자를 확인할 수 있었는데, 카렌 박사는 그것이 모두 '식물의 녹말 입자'라고 설명했다.

"치석은 인류의 식생활을 알 수 있는 타임캡슐 같은 것입니다. **저는 구석기 시대 인류의 치석에서 약 30개 종류의 녹말 입자를 발견했습니다. 이것으로 인류가 녹말이 포함된 다양한 식물을 먹었다는 사실을 확인할 수 있지요. 인류의 주식은 육류가 아니라 녹말이었으리라 추측할 수 있습니다.**"

수렵과 채집으로 생활한 인류가 왜 육류가 아닌 녹말을 주식으로 삼았던 것일까? 사실 녹말이야말로 날마다 얻을 수 있는, 그날그날의 공복을 채워주는 음식이었기 때문이다.

이전에 아프리카에서 수렵 채집 생활을 하는 하드자족의 사냥 모습을 촬영한 적이 있다. 건장한 남성들이 사냥감을 찾아 화살을 쏘아 죽이는데, 좀처럼 사냥감은 나타나지 않았다. 나타난다 해도 숨통이 끊어지도록 정확히 맞추기도 어려워, 온종일 걸려서 결국 들쥐 두 마리를 잡는 데 그치는 날도 있었다. 수렵 채집 민족이라고 해도 포획물을 매일같이 손에 넣을 수는 없으니, 고기를 먹지 못하는 날도 있는 것이다.

실제로 하드자족 식사의 70퍼센트 이상이 식물성이라는

조사도 보고되었다. 나무 열매나 식물의 땅속줄기 등 녹말이 함유된 식물성 음식을 주식으로 매일 섭취하는 것이다. 하드자족과 같이 구석기 시대 인류의 주식 또한 육류가 아닌 녹말이었으리라 짐작할 수 있는 부분이다.

녹말은 연약한 인류의 목숨을 지켜준 귀한 음식이다

인류가 아직 침팬지였을 당시의 주식은 나무 열매였다. 나무 위에서 생활했으므로 천적의 공격을 받는 일은 드물었으며, 가지가 휘도록 많이 열린 과실로 배를 채울 수 있었다.

그러나 700만 년 전, 이 같은 생활에 큰 변화가 생겼다. 지구 전체에 한랭화, 건조화가 시작되어 그들이 생활하던 숲이 좁아진 것이다. 나무가 줄어들자 자연히 주식이었던 나무 열매도 감소했다. 그 결과 힘이 센 다른 유인원보다 연약했던 우리의 조상은 나무 위에서 쫓겨났고, 어쩔 수 없이 나무 밑으로 내려와야 했다. 그리고 직립보행을 하기 시작했다.

원시 인류는 이런 역경 속에서 탄생했다. 당시의 원시 인류는 골반의 형태가 달리기에 적합하지 않았으며 직립보행도 서툴렀을 것으로 짐작된다. 사냥감을 쫓아가 잡기는커녕 천적인 고양잇과 맹수들에게 잡아먹히는 연약한 존재였다.

그런 원시 인류는 녹말 섭취로 목숨을 유지했다. 먼저 나무 열매가 귀한 음식이었다. 나무 열매에는 녹말이 풍부하게 함유되어 있었지만, 딱딱한 껍질 때문에 한정된 동물만 먹을 수 있었다. 또 하나는 땅속줄기다. 다양한 식물은 뿌리 부분에 에너지를 녹말 형태로 저장한다. 그것을 땅속줄기라고 하는데 현재의 먹거리 중에서는 감자를 예로 들 수 있다.

야생식물인 땅속줄기는 섬유질이 풍부해서 입안에 넣고 껌을 씹듯 여러 번 씹으면 녹말을 섭취할 수 있는 대용식이었다. 맛이 좋지는 않았지만, 원시 인류에게는 소중한 영양원이었다. 녹말은 연약한 인류의 생명을 이어준 귀한 음식이었다.

녹말을 가열해 먹으면서
인류의 뇌가 커졌다?

200만 년 전 불을 사용하기 시작한 호모 에렉투스

연약한 인류의 생명을 잇게 해준 녹말, 이를 주식으로 삼은 덕분에 인류는 연약한 존재에서 생태계의 정점에 서는 존재로 탈바꿈하게 된다. 번영의 길을 걷게 된 것이다. 이런 현상의 증거로 발견된 것이 이스라엘의 게셰르 베노트 야코브 유적이다. 이스라엘 북부의 골란고원 아래, 요르단 강변에 위치해 있다.

우리를 안내한 현지의 연구자가 돌 하나를 들어 올렸다.

"이게 구석기 시대 조상이 사용한 석기입니다. 돌 가장자리에 가공한 흔적이 보이지요?"

발밑을 찬찬히 살펴보니 돌로 두드려 만든 석기가 여기저기 흩어져 있는 것이 보였다. 이곳은 200만 년 전에 탄생한 우리의 조상, 호모 에렉투스가 생활한 장소다. 2004년 이 유적 한 귀퉁이에서 고고학계의 커다란 발견이 있었다. 발견된 것은 움푹 팬 자국이 많은 석기 조각이었다. 분석 결과, 수없이 많은 그 자국은 섭씨 수천 도나 되는 고온에 돌이 노출되었을 때 생긴 것이라고 밝혀졌다. 이것이 바로 인류가 불을 사용했다는 사실을 보여주는 가장 오래된 증거다.

유적에서 발견된 움푹 팬 자국투성이 석기.

그렇다면 호모 에렉투스는 무엇을 하기 위해 불을 피워 사용했던 것일까? 그 답을 보여주는 유물을 발견했다. 탄 흔적이 있는 나무 열매 화석이다. 즉 호모 에렉투스는 녹말을 함유한 음식을 조리하기 위해 불을 피운 것이다.

이런 녹말과 불의 만남으로 호모 에렉투스는 크게 진화했다. 이 사실은 다양한 원시 인류의 두개골 화석을 분석한 결과 분명해졌다. 주목할 만한 것은 두개골 내부 공간으로 추정한 뇌의 크기 변화다. **인류 탄생 이후, 초기 인류의 뇌는 무게가 400~500그램 정도였고 크기는 현대인의 3분의 1에 불과했다. 그러나 호모 에렉투스 때부터 뇌의 크기가 2배 이상 급격하게 커졌다.**

이렇게 뇌가 커진 것은 인류가 녹말을 가열해서 섭취하기 시작한 덕분이라고 알려져 있다. 도대체 무슨 연관이 있는 것일까? 우리는 현지 연구자와 함께 석기 시대의 식사를 재현하는 실험을 해보았다.

불을 사용하지 않던 시대에 인류가 한 식사는?

게세르 베노트 야코브 유적의 환경이나 식생은 호모 에렉투스가 살았을 때와 크게 달라지지 않았다고 한다. 그래서 우선 당시 호모 에렉투스가 먹었을 음식을 찾아보았다. 찬찬히 주변을 탐색해보니 다양한 나무 열매와 뿌리 일부에 부푼 땅속줄기가 있는 식물 등 녹말류의 먹거리가 다수 발견되었다.

이어서 불 피우기를 했다. 나무판 한 곳을 좁고 오목하게

판 뒤 나무 막대기 앞쪽을 붙이고 양손으로 비빈다. 호모 에렉투스 시대는 부싯돌을 아직 사용하지 않은 시기로 이처럼 마찰열을 이용해 불을 피웠던 것으로 알려져 있다. 앞서 모아온 녹말류 음식 재료를 마찰열로 피운 불 속에 넣어 가열했다.

음식이 완성되는 사이, 우리는 아직 불을 사용하지 않던 시대에 인류가 먹었던 방식 그대로 녹말류 음식을 맛보았다. 나무 열매를 생으로 먹어본 것이다. 연구자는 열매를 입에 넣자마자 얼굴을 찌푸리며 도로 뱉어냈다.

"써도 너무 써요. 맛이 있고 없고의 문제가 아닌데요?"

역시나 먹을 수 있는 수준의 것이 아니었다. 그러나 이것은 연약한 원시 인류의 생명을 이어준 귀한 음식이었다.

그사이 나무 열매가 다 구워져서 바로 먹어보았다. 와작, 소리를 내며 갈라진 나무 열매에서 입안 가득 구수한 맛이 퍼졌다. 씹어 먹어봐도 처음에 생으로 먹었던 정도의 쓴맛은 나지 않았다. 무엇보다 놀라운 점은 은은하게 단맛이 나서 맛있다고 느껴졌다는 것이다. 생으로 먹었을 때는 지독하게 맛없던 열매가 가열만으로 이렇게 맛있어지다니 놀라웠다.

가열한 녹말을 먹자 뇌가 커졌다

불로 가열하는 과정을 거치자 나무 열매와 땅속줄기에 함유된 유독 성분이 열에 의해 분해되고 인류는 안전한 먹거리를 섭취할 수 있게 되었다. 게다가 열매에 함유되어 있던 녹말의 성질도 크게 바뀌었다.

생녹말을 현미경으로 살펴보면 각이 진 도형의 모양이다. 이것이 바로 녹말의 결정인데, 이 결정은 무척 단단한 입자 구조로 이루어져 있어서 기본적으로 우리 몸이 소화하지 못한다. 그러나 여기에 열을 가하면 결정 구조가 무너지고 부드럽게 녹는다. 이 상태의 녹말은 우리 입안의 침이나 장내 점액에 들어 있는 효소의 작용을 통해 작은 포도당으로 분해된다. 우리는 그것을 장에서 흡수하여 에너지로 전환한다. 가열한 나무 열매를 먹었을 때 느껴지는 은은한 단맛은 가열된 녹말이 입안에서 당으로 분해되어 생긴 것이다.

가열 조리를 하자 호모 에렉투스는 녹말의 단맛을 알게 되었다. 그뿐만이 아니다. 체내에 대량 흡수된 포도당이 놀라운 변화를 일으켰다고 알려져 있다. 바로 '뇌의 거대화'다. **우리 뇌는 기본적으로 포도당만을 에너지로 쓸 수 있다.**

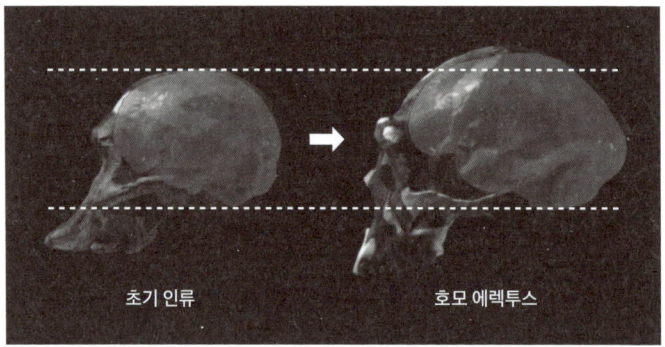

초기 인류　　　　호모 에렉투스

가열 조리한 녹말을 먹기 시작한 호모 에렉투스의 체내에서는 대량의 포도당이 뇌로 흡수되었다. 그 포도당을 남김없이 흡수하고자 뇌의 신경세포는 증식하기 시작했다. 그 결과 뇌가 거대화한 것으로 알려져 있다.

호모 에렉투스는 인류 역사상 처음으로 많은 도구를 만들었고 무리를 지어 사냥하기 시작했으며 집단생활을 영위했다. 월등한 창조력과 함께 타인과 유대를 맺는 의사소통 능력을 갖추고 있던 것이다. 이를 가능하게 한 것은 커진 뇌라고 연구자들은 말한다.

그렇다면 녹말을 생으로 먹던 시대의 인류는 어떻게 에너지를 얻었을까? 우리 몸에는 생녹말을 분해해서 에너지로 전환하는 능력이 없다. 대신에 우리 체내에 있는 생물이 그 역할을 맡았다. 바로 장내세균이다.

장이 퇴화하고 골격이 변화하면서 수렵이 가능한 신체로!

호모 에렉투스 이전의 인류는 골반이 훨씬 컸다. 그 이유는 당시 인류가 현재의 우리보다 훨씬 길고 큰 장을 갖고 있어서 이를 지탱하기 위한 커다란 골반이 필요했기 때문이다. 그 길고 큰 장에는 많은 양의 장내세균이 살고 있었다. 당시 인류가 먹었던 생녹말은 대부분 소화되지 않아서 장내세균의 먹이가 되었다. 장내세균이 이를 먹고 배출한 유기산 등이 장에서 흡수되어 인류의 신체를 유지하는 에너지가 된 것이다.

가열 조리를 시작한 호모 에렉투스 이후에는 길고 큰 장이 필요하지 않아 퇴화했고, 인류의 장은 작고 짧아졌다고 알려져 있다. 장이 퇴화한 증거로 지금도 우리 몸에 남아 있는 장의 일부인 맹장을 들 수 있다.

장이 짧아지자 호모 에렉투스에게 진화가 일어났다. 장

을 지탱하는 골반이 작아지자 그때까지 옆으로 벌어져 있던 다리가 정면을 향하게 되면서 다리가 길어진 것이다. 그것은 호모 에렉투스에게 또 다른 진화를 가져다주었다. 달리는 능력이 비약적으로 발달해서 사냥감을 쫓아가 죽이는 수렵이 가능해진 것이다.

인류는 녹말의 가열 조리로 높은 지성과 우수한 신체 능력을 얻었고, 그 결과 생태계의 정점에서 군림하는 강자로 변모하기에 이르렀다.

저탄수화물 식단은 다이어트용일 뿐, 건강식은 아니다

탄수화물 섭취를 줄였을 때 우리 몸에 생기는 일

인류 진화의 역사에서 인류가 탄수화물을 얼마나 오래전부터 섭취해왔는지 알 수 있었다. 뇌를 크게 만든 원동력이 된 탄수화물은 그 후로도 계속해서 커다란 뇌에 적합한 에너지원이 되었다. 인간과 당질의 긴 역사 속에서 우리 몸은 탄수화물을 주식으로 삼아 건강을 유지할 수 있도록 적응해왔다.

그러나 최근 저탄수화물 다이어트가 크게 유행하고 있다. 탄수화물은 중요한 영양소라서 몸이 원하게끔 되어 있는데도 '탄수화물에 중독됐기 때문에 먹고 싶어지는 것'이라고 말하는 사람이 있다.

사실 최근 몇 년 사이 저탄수화물 다이어트를 과도하게 지속하면 신체에 다양한 문제가 일어난다는 연구논문이 계속해서 발표되고 있다. 그런 논문의 수는 저탄수화물 다이어트가 체중 감량에 효과적이라고 말하는 논문보다 훨씬 많다.

예를 들어 하버드대학의 연구를 보면, 하루 섭취 열량의 35퍼센트 정도만 탄수화물로 섭취하는 당질제한식을 지속하는 사람을 하루 섭취 열량의 60퍼센트를 탄수화물로 섭취하는 사람과 비교했을 때 심장병의 발병 위험은 1.5배, 암의 발병 위험은 1.3배 높은 것으로 드러났다. 그 외 많은 논문에서도 혈관계 질병인 심장병이나 뇌경색, 암의 발병 위험도가 높아진다는 사실을 지적하고 있다. 쥐 등 동물에게 당질제한식을 지속해서 주고 체내 변화를 조사한 연구에서는 혈관 내피의 상처를 회복하는 세포 활동이 저하되고, 동맥경화가 진행된다는 사실이 판명되었다.

왜 이런 일이 일어나는 것일까? 그 이유를 알려면 우리의 조상이 아직 단세포생물이었던 20억 년 전까지 거슬러 가볼 필요가 있다.

탄수화물은 우리 몸에 가장 자연스러운 청정에너지!

20억 년 전 바닷속에 살던 우리의 조상은 산소호흡을 시작했다. 지구상의 산소 농도가 높아져 산소와 당질이 체내에서 결합하자 산소호흡으로 커다란 에너지를 만들 수 있는 몸으로 변모한 것이다. 이전의 무산소호흡 때와 비교하면 거의 10배에 가까운 에너지를 얻을 수 있게 된 것으로 볼 수 있다. 이런 산소호흡에 필수적인 영양소가 바로 탄수화물이다.

이렇게 말하면 '탄수화물뿐 아니라 지방이나 단백질도 에너지원인데?'라는 생각이 들 것이다. 영양학적으로 인체가 가장 많은 양을 필요로 하는 영양소인 탄수화물, 단백질, 지방을 3대 영양소라고 한다. 이 중에서 단백질은 몸의 근육이나 장기를 만드는 재료로 사용되고, 지방은 세포막이나 조직막의 재료로 사용된다.

그러나 탄수화물은 인체의 재료로는 거의 쓰이지 않는다. 탄수화물의 역할은 산소호흡에 사용되는 연료이기 때문이다. 즉 몸을 움직이고 생명을 유지할 에너지를 생산하기 위한 영양소라는 이야기다. 물론 신체에는 단백질과 지방도 에너지로 쓰는 시스템이 있다. 그러나 이는 탄수화물을 섭취하지 못할 경우 생명을 유지하기 위한 보조적 도구일 뿐이다. **탄수화물로 에너지를 생산하는 것이 우리 몸 본래의 체계다.**

단백질로 에너지를 만들면 암모니아라는 유해한 부산물이 같이 만들어져 신체에 해를 입힌다. 그리고 지방으로 에너지를 만들려면 여러 대사 과정을 거치게 되기 때문에 이 또한 몸에 큰 부담이 된다.

저탄수화물 다이어트를 하면 당질을 제한하는 만큼 단백질이나 지방으로부터 에너지를 얻게 된다. 이것이 몸에 해로운 물질을 만들고 세포나 장기에 부담을 주어 동맥경화를 일으키거나 암의 발병률을 높이는 부작용을 낳을 수 있다.

저탄수화물 식단은 어디까지나 체중 감량을 위한 식사로, 적극적으로 살을 빼야 할 필요가 없는 사람에게는 결코 건강식이 아니다. 왜냐하면 탄수화물은 우리 몸에 가장 자연스럽고 불순물이 나오지 않는 청정에너지이기 때문이다.

동양인은 밥을 먹어도
쉽게 살찌지 않는 이유

과거에 일본인은 하루에 밥을 세 홉 먹었다

세계에는 여러 종류의 주식이 있는데 그중에서 생산량 1위를 차지하는 주식은 무엇일까? 정답은 옥수수다. 멕시코의 주식인 토르티야가 옥수숫가루를 반죽해 만든 빵이다.

2위는 동양인의 주식인 쌀이다. 아시아를 중심으로 넓은 지역에서 소비되고 있다. 그 외에 스페인에서도 쌀 요리인 파에야paella(쌀과 고기와 해산물 등을 같이 넣어 볶은 요리)를 많이 먹는다.

3위는 밀가루이고 4위는 고구마, 감자, 토란 같은 감자류다. 그리고 5위는 카사바cassava다. 마이크로네시아, 폴리네시아, 파푸아뉴기니 등에서는 카사바라는 식물의 뿌리에서 녹말을 추출한 뒤 떡처럼 만들어 먹는다. 최근 크게 유행하고 있는 식용 녹말 타피오카^{tapioca}의 원료도 바로 카사바다.

카사바를 주식으로 삼는 지역이 많다.

이같이 세계 여러 나라에는 다양한 종류의 주식이 있는데 모두 탄수화물이 가득 들어 있는 음식이다. 이런 음식을 먹고 세계 각국의 사람들은 생명을 이어가고 문명을 발달시켜왔다.

일본인은 여러 주식 가운데 쌀을 먹는다. 약 3,000~4,000년 전에 농경을 시작하기 이전에는 야생 도토리 등을 채집해서 당질을 얻었지만 이후 맛있는 쌀에 눈을 뜬 것이다. 힘들게 논에 물을 대고 수확량이 많은 품종을 선별해서 주식으로 밥을 먹는 식생활을 형성했다.

에도시대(1603~1868) 이후에는 도시에서 백미를 주식으로 하는 식습관이 단기간에 퍼졌다. 메이지(1868~1912), 다이쇼(1912~1926), 쇼와(1926~1989) 시대에는 백미 문화가 서

민에게까지 퍼져 고도 경제 성장기 이전까지 하루에 세 홉의 밥을 먹었다는 기록이 있다. 일본은 얼마 전까지 세계에서 쌀을 가장 많이 소비하는 나라였다.

이렇게 밥을 주식으로 삼아 긴 시간 이어온 덕분에 인체에 생각지 못한 변화가 일어났다는 사실이 최신 연구로 밝혀졌다. 일본인을 비롯해 밥을 주식으로 삼아온 동양인 중에는 밥을 먹어도 쉽게 살찌지 않는 체질이 많다는 것이다.

살찌는 것과 아밀레이스 유전자의 놀라운 관계

미국 다트머스대학의 너새니얼 도미니 박사는 세계 여러 민족의 타액을 수집하고 그것에 포함된 아밀레이스^{amylase} 유전자라고 하는 유전자 수를 조사했다. 아밀레이스는 타액에 포함된 녹말을 분해하는 효소를 말한다. 우리가 밥을 씹을 때 은은한 단맛을 느끼는 이유는 아밀레이스가 녹말을 당으로 분해했기 때문이다.

분석 결과 녹말을 많이 먹지 않는 민족의 아밀레이스 유전자는 평균 4~5개라는 사실이 밝혀졌다. 이에 비해 일본인 등 녹말을 많이 섭취하는 민족은 전체적으로 아밀레이스 유전자 수가 많아 평균 7개 이상을 갖고 있다는 점이 확인되었다.

아밀레이스 유전자가 많은 동양인은 침샘에서 만들어지는 아밀레이스의 양이 증가한다. **즉 녹말을 더욱 빨리 당으로 분해하는 특성이 있다고 할 수 있다.**

이렇게 아밀레이스 유전자 수가 많은 특성은 밥을 먹어도 쉽게 살찌지 않는 체질과 연관이 있다. 킹스칼리지런던의 마리오 팔치 박사는 아밀레이스 유전자가 많은 사람과 적은 사람의 체질량지수^{BMI}와 체지방량을 조사했다. 그 결과 아밀레이스 유전자가 많은 사람은 BMI가 낮고 체지방량도 적다는 사실이 밝혀졌다. 게다가 아밀레이스 유전자가 4개 이하인 사람과 9개 이상인 사람을 비교하자, 4개 이하인 사람의 비만 위험도가 8배나 높다는 결과가 나왔다.

아밀레이스 유전자와 체질량지수, 체지방 비율과 연관된 유사한 보고도 다수 있다. 호주에서는 아밀레이스 유전자 수로 얼마나 살찌기 쉬운지를 알아보는 유전자 진단이 시작되었다. 그런데 왜 아밀레이스 유전자가 많으면, 쉽게 살찌지 않거나 지방이 잘 붙지 않는 것일까?

아밀레이스 유전자와 '비만 호르몬' 인슐린

미국 모넬화학감각연구소의 폴 브레슬린 박사는 아밀레이스 유전자 수와 인슐린이라는 호르몬의 관계에 주목했다.

인슐린은 혈당 수치를 억제하는 호르몬으로 췌장(이자)에서 분비된다. 밥을 먹으면 체내에서 포도당으로 분해되고 혈액으로 전달되어 혈당 수치가 올라간다. 이때 췌장에서 인슐린이 분비되고 그 작용으로 혈액 속 포도당은 근육 등 조직이나 장기 세포로 흡수된다. 이런 과정을 거쳐 혈당 수치가 떨어지고 체내 혈당 수치는 일정한 범위 안에서 안정되는 것이다.

그러나 인슐린은 지방 분해를 방해하거나 지방 축적을 촉진하는 기능이 있어서 '비만 호르몬'이라는 별명으로 불리기도 한다.

브레슬린 박사는 아밀레이스 유전자가 많은 사람과 적은 사람에게 같은 양의 녹말을 먹게 한 다음 분비되는 인슐린의 양을 살펴보았다. 그러자 아밀레이스 유전자가 많은 사람은 적은 사람보다 인슐린의 분비량이 20퍼센트나 적다는 사실이 밝혀졌다. **즉 아밀레이스 유전자가 많은 사람은 녹말을**

섭취했을 때 비만 호르몬인 인슐린의 분비량이 적기 때문에
결과적으로 쉽게 살찌지 않는다는 사실을 알 수 있었다.

단맛을 빨리 느끼면 살이 찌지 않는다?

그렇다면 왜 아밀레이스 유전자가 많은 사람은 인슐린이
적게 분비되는 것일까? 그 답은 녹말이 아밀레이스에 의해
당으로 분해될 때 느끼는 단맛에 있다.

아밀레이스 유전자가 많은 사람은 녹말을 섭취했을 때 침
속 다량의 아밀레이스 효소가 입안에서 녹말을 금방 분해하
여 단맛을 느낀다. 그러면 단맛을 느낀 뇌는 췌장에 '이제 체
내에 당이 들어온다'고 알린다. 췌장은 재빨리 인슐린을 분
비하기 시작한다. 이후 혈액으로 흡수된 당은 이미 혈액 속
에서 당을 기다리고 있던 인슐린에 의해 차례차례 세포 속으
로 흡수된다. 그 결과 혈당 수치는 빠르게 내려간다.

그러나 아밀레이스 유전자가 적은 사람은 녹말을 먹어도
단맛을 느끼기 어려워서 뇌에서 췌장으로 명령이 떨어지지
않는다. 녹말이 분해된 당이 장에서 흡수되어 혈당 수치가

오르기 시작해서야 겨우 인슐린이 분비된다.

이것은 사실 커다란 문제다. 혈당 수치가 이미 오르기 시작한 상태가 되면 이를 알아차린 췌장이 가능한 한 빨리 혈당 수치를 끌어내리려고 필요 이상의 인슐린을 분비하게 되기 때문이다.

앞서 설명했다시피 인슐린은 비만을 촉진하는 호르몬이기도 하다. 인슐린이 과잉 분비되면 포도당을 지방세포로 흡수시켜 축적하는 데다 지방 분해를 억제하기 때문에 결과적으로 비만을 부르게 된다.

덧붙여 말하자면 저탄수화물 다이어트로 체중 감량이 가능한 것은 이 체계를 반대로 이용하기 때문이다. 혈당 수치를 올리는 영양소는 기본적으로 탄수화물이다. 그래서 탄수화물을 줄이면 혈당 수치가 잘 올라가지 않고 분비되는 인슐린도 감소한다. 그 결과 섭취한 영양은 지방으로 쌓이기 어려워진다.

그러나 아밀레이스 유전자가 많아서 적은 양의 인슐린으로도 효율적으로 녹말을 체내에 흡수할 수 있는 동양인은 탄수화물로 살찔 위험성이 적은 체질이라고 할 수 있다. 물론 비만을 예방하기 위해서는 과식은 금물이라는 사실이 전

제된다. 꼭꼭 씹어서 아밀레이스를 다량 분비하면 탄수화물로 살찌지 않을 수 있다는 점을 기억하자.

일본인이 밥을 배불리 먹게 된 것은 에도시대 후기부터라고 알려져 있다. 이후 수백 년간 밥을 많이 먹는 생활을 계속해왔기 때문에 인체가 이에 적응해 아밀레이스 유전자가 증가했고 쉽게 살찌지 않는 체질로 바뀌었다고 볼 수 있다.

지금까지 유전자는 수천 년, 수만 년이라는 시간을 거쳐 변화했다고 알려져 있었다. 그러나 **음식에는 겨우 수백 년이라는 짧은 기간에 유전자까지 변화시키는 능력이 있다.**

아밀레이스 유전자 수가 많은 것은 일본인이 장수하는 커다란 이유 중 하나이기도 하다. 밥이 건강의 적이 아니라는 사실을 방증한다고 볼 수 있다. 그리고 밥의 놀라운 능력은 이뿐만이 아니다.

주목할 만한 장내세균 '프리보텔라'의 눈부신 활약

밥을 좋아하는 라오스인의 특별한 장내세균

밥을 주식으로 해서 얻는 이점은 아밀레이스 유전자 말고도 더 있다. 이를 알기 위해 우리는 도쿄대학 연구팀이 실시하는 조사에 동행했다.

조사를 위해 찾아간 곳은 동남아시아 라오스 북부의 깊은 산속에서 생활하는 소수민족의 마을이었다. 고상식高床式 주거 형태(땅의 습기를 막으려고 땅에 기둥을 세우고 그 위에 집을 지은 것)가 나란히 세워져 있었는데 50명 정도의 마을 사람들이 생활하는 곳이었다. 수도나 가스 시설은 없고 음식도 자급자족으로 구한다. 또 산 경사면에 화전을 일궈서 찹쌀을 재배하고 있었다.

촌장의 초대로 식사 자리에 간 우리는 저녁 식단을 보고 놀랄 수밖에 없었다. 작은 원형 탁자에 찐 쌀로 가득한 밥통, 약간의 채소 반찬, 그리고 고추가 들어간 된장만 놓여 있었기 때문이다.

촌장 가족은 밥통의 찹쌀밥을 능숙한 손놀림으로 떼어서 동그랗게 뭉치더니 쏙쏙 입에 넣기 시작했다. 적은 반찬 가짓수보다 그 많은 양의 밥을 먹는 모습에 더욱 놀랐다. 눈이 휘둥그레진 우리에게 "혼자서 하루에 세 홉 정도는 먹는다"고 말하며 촌장은 웃었다.

연구자가 이 마을을 조사 장소로 선택한 이유는 바로 이

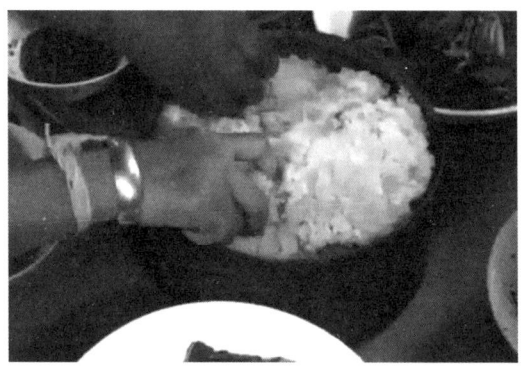

라오스 북부 소수민족의 저녁식사.

런 식생활에 있었다. 조사 목적은 '밥을 많이 먹으면 어떤 장내세균이 늘어나는지' 알아보기 위해서였다. 현대 일본인이 먹는 밥의 양은 하루에 한 홉 정도로 이전에 비하면 꽤 많이 감소했다. 반대로 서구 음식 문화의 유입으로 지방의 섭취량은 증가했다. 지방은 장내세균 조성에 커다란 영향을 미친다고 알려져 있다.

'고도 경제 성장기 이전에 밥을 잔뜩 먹었던 일본인의 식생활과 유사하게 먹는 곳은 없을까?'

이렇게 생각한 연구자가 찾아낸 곳이 라오스의 소수민족 마을이었다. 조사 방법은 마을 사람들에게 미리 연구 취지를 설명한 뒤 용기를 나눠 주고, 다음 날 아침의 대변을 넣어 가져다 달라는 것이었다. 이를 일본으로 갖고 돌아와 대학 연구실에서 분석했다.

이번 조사로 마을 사람 400명분의 장내세균이 분석되었다. 그 결과 전체 장내세균의 20퍼센트 이상을 차지하는 특정 장내세균의 존재가 밝혀졌다. 바로 '프리보텔라prevotella'라고 하는 장내세균이다.

밥이 준 선물, 프리보텔라

최근 세계의 연구자들이 장내세균 프리보텔라의 건강 효과에 주목하고 있다. 이 세균은 밥 등의 당질을 먹이로 해서 단쇄지방산(짧은 사슬 지방산)이라는 물질을 배출한다. 그런데 이 단쇄지방산이 장에서 흡수되어 우리 체내로 들어오면 지방 연소를 높이거나 동맥경화의 진행을 막는다는 사실이 알려진 것이다. 밥을 많이 먹는 일본인의 식생활은 장내에 프리보텔라 균을 증가시켰고 이것이 건강을 지켜주었을 가능성이 높다고 연구자들은 판단한다.

그렇다면 현재의 일본인에게 프리보텔라 균은 어느 정도 남아 있을까? 우리는 게이오대학의 연구자에게 의뢰해 일본인의 장내세균을 조사했다. 실험을 한 곳은 쌀의 산지이기도 한 야마가타현의 쓰루오카 시다. 1인당 쌀밥 섭취량이 많은 지역이라 이곳을 선정했다. 50여 명의 사람이 조사에 협조해주었다. 조사한 결과 개인차는 다소 있으나 장내세균 전체의 평균 10퍼센트 정도가 프리보텔라 균임을 확인할 수 있었다.

식생활의 변화로 프리보텔라 균이 감소하기는 했으나 아직 어느 정도는 존재하고 있었다. 참고로 조사를 의뢰했던 게이오대학의 다른 연구에서는 **밥을 제한하는 저탄수화물 다이어트를 계속하면 프리보텔라 균이 크게 감소한다**는 결과가 나왔다.

밥을 주식으로 즐겨 먹어온 일본인의 체내에는 유전자나 장내세균의 변화가 생겨났으며 그것이 일본인의 건강을 지켜왔다고 말할 수 있다.

밥으로 살찌기 쉬운 유형은?
간단한 크래커 테스트

나의 아밀레이스 유전자 수를 알아보자

당신의 체내에는 아밀레이스 유전자 수가 많을까, 적을까? 알아볼 수 있는 간단한 방법이 있다. 그것은 크래커 테스트라고 하는 진단 방법이다. 실제로 이 방법을 써서 제대로 된 결과가 나오는지 실험해보았다.

실험에는 일본인 15명과 서구 각지의 외국인 15명이 참가했다. 녹말이 많이 함유된 크래커를 신호에 맞춰 동시에 입에 넣는다. 크래커를 삼키지 않도록 조심하며 메트로놈의 일정한 리듬에 맞춰 씹기를 반복하다가 단맛을 느끼면 동그라

크래커 테스트의 실험 모습.

미가 그려진 판을 들도록 했다. 얼마 지나지 않아서 일본인 15명 전원이 판을 드는 동안 외국인은 들지 않았고, 마지막까지 단맛을 느낀 외국인은 7명 정도에 그치는 결과가 나왔다. 그 차이는 확연했다.

이 실험에서 일본인의 평균적인 아밀레이스 유전자 수가 명백히 많다는 사실을 알 수 있었다. 즉 쉽게 살찌지 않는 사람이 많다고 볼 수 있다.

물론 일본인 중에서도 개인차는 있었다. 그렇다면 여러분도 자신이 과연 아밀레이스 유전자를 많이 갖고 있어서 밥 등 녹말을 먹어도 쉽게 살찌지 않는 체질인지, 그 반대인지 궁금할 것이다.

크래커 테스트는 무척 간단하므로 여기서 설명한 방법대로 한번 시험해보기를 권한다. 테스트는 입안을 침으로 적신 상태에서 시작한다. 녹말이 침 속 아밀레이스에 의해 분해되어 생기는 당은 맥아당으로, 설탕처럼 강한 단맛이 나지는 않는다. 약간이라도 단맛이 느껴질 때까지의 시간을 재도록 한다.

크래커 테스트로 아밀레이스 유전자가 적다는 결과가 나

크래커 테스트

준비물
- 무가당 크래커 반쪽
- 스톱워치

실험 방법
❶ 크래커를 입에 넣고 일정한 리듬에 맞춰 반복해서 씹는다. 이때 삼키지 않도록 주의한다.
❷ 스톱워치로 크래커를 입에 넣은 순간부터 단맛을 느끼는 순간까지의 시간을 측정한다.

판정 기준
- 30초 이내에 단맛을 느낀 사람: 아밀레이스 유전자가 비교적 많다.
- 단맛을 느끼기까지 30초 이상 걸린 사람: 아밀레이스 유전자가 비교적 적다.

왔다고 해서 '나는 밥을 먹지 않는 게 낫다니!'라며 비관할 필요는 없다. **비장의 무기가 있는데, 바로 '꼭꼭 씹어먹기'다. 씹는 횟수를 늘리면 침이 많이 나오기 때문에 아밀레이스의 양도 그만큼 많아진다.** 밥이나 빵을 잘 씹어서 녹말이 분해되어 생기는 당의 은은한 단맛을 즐기면서 식사하면 된다.

탄수화물은 효율적인 에너지원인 만큼 과식하면 비만을 부르는 것도 사실이다. 그렇다고 해서 너무 제한하면 중대한 질병에 걸릴 위험이 커질 수 있다. 자신의 체질을 바로 알고, 탄수화물을 현명하게 섭취하는 것이 무엇보다 중요하다.

맞춤형 식사법으로
음식의 혈당지수 극복하기

혈당 수치를 올리는 음식은 사람마다 다르다

의료계에서는 최근 유전자 진단 등으로 사전에 체질을 조사하여 그 사람에게 가장 적합한 치료법이나 치료제를 선택하는 맞춤형 의료의 실용화가 진행되고 있다. 그렇다면 식사 역시 각자의 체질에 맞는 맞춤형 식단이 있을 법하지 않은가? 사실 이를 실현할 '식사와 개인차의 관계'가 빅데이터 분석을 통해 밝혀지고 있다.

우리는 이스라엘의 바이츠만연구소를 방문했다. 광활한 부지에 늘어선 건물에서 군사기술부터 과학기술, 의학까지 다양한 분야의 첨단연구가 활발히 이루어지고 있었다. 세계적인 연구소다운 모습이었다. 이 연구소에서 당뇨병 환자나 위험군에 속한 사람을 대상으로 완전히 새로운 개념의 식사요법인 '맞춤형 식사법'이 개발되었다.

우리는 이 새로운 식사요법의 탄생 계기가 된 실험 현장을 견학할 수 있었다. 연구실 안에는 4명의 실험 참가자가 앉아 있었다. 그 앞 테이블 위에는 베이글과 초콜릿 케이크, 바나나 등 당질을 함유하고 있어 혈당 수치를 올리는 여러 종류의 음식이 놓여 있었다. 실험 참가자는 혈당 수치 변화를 늘 관찰할 수 있는 지름 5센티미터의 둥근 패치를 팔에 붙이고 있었다.

연구자가 신호를 보내자 실험 참가자 4명은 베이글을 일제히 먹기 시작했다. 그리고 1시간 뒤 4명의 혈당 수치를 측정했다.

혈당 수치가 가장 많이 오른 사람은 사진에서 왼쪽 위의 건장한 체격의 남성이었다. 한편 혈당 수치의 상승이 가장 적은 사람은 왼쪽 아래의 날씬한 여성이었다.

2시간 휴식 시간을 두고 이번에는 초콜릿 케이크로 같은 방식의 실험을 했다. 이번에 혈당 수치가 가장 많이 상승한

베이글을 먹었을 때 혈당 수치 변화.

초콜릿 케이크를 먹었을 때 혈당 수치 변화.

사람은 앞의 남성이 아니라, 베이글을 먹었을 때 혈당 수치의 상승 폭이 가장 작았던 사진 왼쪽 아래의 여성이었다.

　이번에는 줄기콩으로 실험해보았다. 혈당 수치가 가장 많이 상승한 사람은 건장한 체격의 남성도, 날씬한 체격의 여성도 아닌 사진 오른쪽 아래의 남성이었다. 이전 실험과는 또 다른 참가자의 혈당 수치가 가장 많이 오른 것이다.

연구소에서는 800명의 실험 참가자를 대상으로 같은 실험을 했다. 그 결과 알게 된 사실은 **혈당 수치가 잘 올라가는 음식은 개인마다 다르다**는 것이었다.

원래 식품마다 혈당을 얼마나 높이는지를 두고 혈당지수 GI, glycemic index라는 지표를 써서 나타내왔다. 그래서 당뇨병 환자나 비만 환자가 이 GI를 참고하여 혈당 수치를 올리기 쉬운 음식은 피하도록 하는 식사요법을 실시했다.

예를 들면 베이글의 GI는 33, 스파게티는 38, 밀가루 빵은 80, 구운 감자는 85와 같은 수치로 나타낸다. 숫자가 클수록 혈당 수치를 올리기 쉬운 식품이라는 뜻이다. 즉 밀가루로 만든 빵이나 구운 감자보다는 베이글이나 스파게티가 혈당 수치를 덜 올리기 때문에 권장한다는 의미로 사용되어 왔다.

지금까지 혈당 수치를 올리는 음식은 누구에게나 같다는 전제하에 GI를 사용해왔다. 그러나 바이츠만연구소의 실험 결과를 보면 그렇게 간단히 판단할 수 있는 문제가 아니라는 사실을 알 수 있다.

장내세균과 혈당 수치

그렇다면 대체 무엇이 혈당 수치를 올리는 음식의 개인차를 만드는 것일까? 바이츠만연구소의 엘리나브 박사와 시걸 박사는 그 이유를 규명하기 위해 팀을 이루어 다양한 조사와 연구를 계속했다.

앞서 이야기한 800명의 실험 참가자를 대상으로 혈액과 타액, 대변 등의 샘플을 수집하여 혈액 성분 및 호르몬, 유전자, 장내세균 등을 분석하고 혈당 수치 상승의 개인차를 만드는 인자가 무엇일지 빅데이터 분석을 했다. 그 결과 혈당 수치 상승의 개인차와 가장 크게 관련된 요인은 장내세균이라는 사실을 알게 되었다.

인간의 장 속에는 1,000가지 종류, 100조 개 이상의 장내세균이 살고 있다. 장내세균은 채 소화 흡수되지 않아 장에 남아 있는 영양을 먹고 에너지를 얻어 대사물을 배출한다. 장내세균의 종류는 식생활에 따라 크게 바뀌기 때문에 각자 다르며, 완전히 일치하는 사람은 없다.

더욱이 최근 장내세균의 대사물이 질병을 일으키거나 건강을 유지하는 데 깊이 관계하고 있다는 사실이 밝혀졌다.

이 분야의 연구는 전 세계에서 활발히 이루어지고 있는데, 특히 이번 연구로 혈당 수치 상승에도 장내세균이 영향을 미친다는 사실을 새롭게 알 수 있었다.

맞춤형 식사법이 이끄는 실용적인 식생활

혈당 수치에 장내세균이 관계하고 있다는 사실을 밝혀낸 바이츠만연구소 연구팀은 혈당과 상관관계가 있는 장내세균을 찾아냈다. 그리고 개인의 대변 샘플을 받아 사전에 분석한 다음 장내세균의 종류를 조사해서 그 사람의 혈당 수치를 잘 올리는 음식과 잘 올리지 않는 음식을 예측하는 시스템을 만들었다.

우리는 실제로 이 시스템에 의한 식사 지도 서비스를 이용하는 한 남성을 찾아갔다. 2년 전에 당뇨병 증상이 나타났다는 펠릭스 씨(68세)였다. 부인의 안내로 거실에 들어가자, 그가 가장 좋아하는 소파에 앉아 초콜릿을 먹고 있는 모습을 볼 수 있었다.

"당뇨병인데 초콜릿을 드셔도 괜찮은가요?"

우리가 놀란 것을 알아차린 펠릭스 씨는 싱긋 웃으며 이야기하기 시작했다.

"오늘이 발렌타인데이라서 아내가 선물해줬거든요. 이 어플에서 하루에 20그램까지는 초콜릿을 먹어도 된다고 해요."

이렇게 말하며 펠릭스 씨는 스마트폰을 내밀었다. 펠릭스 씨의 체질에 맞는 식사 지도 내용이 보였다.

대변 샘플에서 장내세균의 종류를 조사하고, 그 결과 혈당 수치를 올리기 쉬운 음식과 그렇지 않은 음식을 선별한다. 식품의 사진과 점수를 스마트폰으로 확인할 수 있다. 10점 만점 기준으로, 혈당 수치를 잘 올리지 않는 식품일수록 점수가 높다. 주식, 육류 요리, 생선 요리, 채소, 과일 등의 카테고리로 나누어져 있다.

참고로 초콜릿은 7점이다. 펠릭스 씨에게 초콜릿은 비교적 혈당 수치를 올리지 않는 음식이다. 이어서 주식에 관한 내용도 보여주었다.

"파스타는 4점, 혈당 수치를 꽤 많이 올리지요. 밥은 3점이라 더 별로고요. 크래커는 9점이라 혈당 수치를 적게 올려서 괜찮아요."

식사 지도 내용에는 식품 단위의 점수만 있는 것이 아니다. 이스라엘인이 즐겨 먹는 요리의 점수도 표시되어 있다.
식품 단위로 보면 혈당 수치를 올리기 쉬운 재료더라도 지
방이나 단백질, 무기질 등 기타 영양소와 합쳐지면 혈당 수
치를 올리는 정도가 감소될 수 있다. 또 찬 요리인지 따뜻한
요리인지에 따라서도 혈당 수치의 상승 정도가 다르다. 식
사 지도 내용이 전반적으로 실생활에 적용하기 좋다고 느껴
졌다.

펠릭스 씨는 이 식사 지도에 따라 혈당 수치를 크게 올리
지 않는 식품을 주로 먹는 식생활을 반년간 계속해왔다. 그
결과 혈당 수치의 평균을 나타내는 당화혈색소 수치(6퍼센트
미만은 정상, 6.5퍼센트 이상은 당뇨병)가 당뇨병 상태였던 8.6퍼
센트에서 정상치에 가까운 6.4퍼센트까지 극적으로 개선되
었다.

맞춤형 식사법을 개발한 엘리나브 박사는 연구소 견학을
마친 우리에게 이렇게 말했다.

"사람들은 새로운 다이어트 방법이 나왔다거나 어느 음
식이 몸에 좋다는 이야기를 들으면 다 같이 그 다이어트를
따라 하거나 특정 음식을 먹기 시작하지요. 하지만 그건 전
혀 과학적이지 않습니다. 왜냐하면 **어떤 음식에 관한 신체**

반응은 사람마다 다르고, 건강에 좋은 음식 역시 사람에 따라 다르기 때문이지요."

결국 건강해지는 식사법의 정답은 우리 몸 안에 있다는 이야기다. 우리는 물었다.

"이게 세계에서 표준적인 식사 요법으로 정착될까요?"

엘리나브 박사는 웃으며 이렇게 답했다.

"앞으로는 개인 체질에 맞춘 맞춤형 식사법이 주류가 될 것으로 예상합니다."

탄수화물, 중독되지 않고
현명하게 섭취하는 법

포식하는 현대인, 최적의 탄수화물 섭취량은?

오늘날에는 빵, 면, 디저트 등 밥 외에도 맛있는 탄수화물이 넘쳐난다. 이전까지 인류는 굶주림과 싸우며 생존하기 위해 탄수화물을 가능한 한 많이 섭취하려고 애썼다. 뇌는 이에 맞춰 커지고 탄수화물을 가장 맛있다고 느끼게 되었다.

그러나 현대는 포식의 시대다. 우리에게 가장 적절한 탄수화물 섭취량은 어느 정도일까? 거리에서 1만 500명의 사람에게 당질 제한에 관한 설문조사를 실시한 결과, 밥(탄수화물)을 하루에 한 번만 먹는다고 답한 사람이 약 30퍼센트를 차지했다. 그중에는 엄격하게 당질제한식을 하고 있어 하루 탄수화물 섭취량을 20그램 이하로 한다는 사람도 있었다. 그러나 극단적인 당질제한식은 커다란 위험을 낳을 수 있다고 경종을 울리는 의사가 있다.

미국 보스턴의 시몬스대학에서 영양학을 연구하고 있는 테레사 펑 교수 연구팀은 10대 청소년 중 당질제한식을 하는 여학생을 대상으로 연구를 했다.

"그 학생은 당질제한식을 하면서 과격한 운동도 계속했어요. 결국 머리카락이 빠지기 시작하고 피로성 골절까지 나타나는 등 병에 걸리기 쉬운 상태가 되었지요. 물론 당질제한식으로 반년에서 1년까지는 체중 감량 효과를 높일 수 있어요. 그러나 장기간 계속하면 신체에 심각한 위험이 생길 가능성이 커집니다."

인간은 탄수화물을 섭취하지 않으면 에너지가 부족해진다. 그러면 부족한 에너지를 단백질이나 지방으로부터 생산하게 된다. 그래서 단기간에 살을 뺄 수 있기는 하지만 여기서 문제가 생긴다. 앞서 설명했듯이 단백질이나 지방을 분해할 때 나오는 유해 물질이 우리 몸에 부담으로 작용하기 때문이다.

게이오대학 의학부의 이토 히로시 교수는 탄수화물을 제한하는 방식이 맞는 사람은 비만 환자나 당뇨병 환자, 그리고 그 위험군에 해당하는 사람뿐이라고 말했다. 최근 유행하는 저탄수화물 다이어트에 우려감을 나타낸 것이다.

"필요해서 당질을 제한할 때도 기간은 1년 이내로 해야 합니다. 살찌지 않은 건강한 사람은 하지 않는 편이 오히려 바람직합니다."

최근 선진국에서 받은 약 1만 5,000명의 데이터를 분석해 탄수화물 섭취량과 사망률의 관계를 살펴보았다. 그 결과 장기간 탄수화물 섭취량을 줄이면 그에 따라 사망률이 오르는 것을 알 수 있었다. 반대로 탄수화물을 너무 많이 섭취해

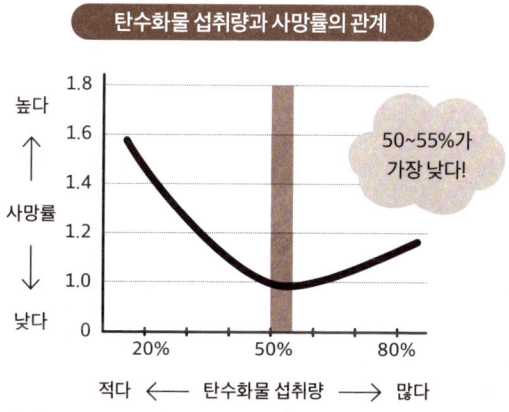

도 생활습관병에 걸려 사망할 확률이 높아졌다.

사망률이 가장 낮은 탄수화물 섭취량은 총 섭취 열량의 50~55퍼센트다. 이 양을 전부 밥으로 먹는다고 했을 때, 표준 체형 성인의 경우 매 끼니에 밥 한 그릇 정도가 적당하다.

일본 후생노동성에서 발표한 식사 섭취 기준량에 따르면 40대 여성 중 그다지 활발히 활동하지 않는 사람의 경우 하루 적정 탄수화물 섭취량은 220그램 이상이라고 한다. 이 수치는 앞에 나온 선진국 데이터와 별반 다르지 않다.

67쪽에 대표적인 식품의 탄수화물 양을 적어두었다. 이 그림을 참고로 보면 아침에 밥 한 그릇을 먹고, 점심에 닭고기덮밥, 저녁에 명란스파게티를 먹었다고 할 때, 다 합해서 탄수화물을 236.3그램 섭취했다는 것을 알 수 있다. 이것을 보면 어느 정도를 먹으면 되겠다는 예상이 가능할 것이다.

살찌는 탄수화물과 살찌지 않는 탄수화물

조심해야 할 것은 '주식 이외의 탄수화물 양'이다. 세 번의 식사 외에 간식을 먹으면 아차 하는 사이에 하루 적정 탄수화물 섭취량을 초과하기 쉽다. 달콤한 디저트의 유혹에 넘어가거나 엄청나게 먹고 싶은 것도 아닌데 늘 입이 궁금한 사람이 많다.

'디저트가 먹고 싶으니까 밥은 반 공기만 먹어야겠다'고 생각하는 것도 큰 실수다. 밥은 밥, 설탕은 설탕이다. 같은 탄수화물이라고 착각하기 쉬우나 밥과 설탕은 전혀 다르다. 설탕, 꿀, 과일에 함유된 과당은 분해할 필요가 없는 단당류 혹은 이당류이고 밥, 빵, 면류 등은 3가지 이상의 단당류가

식품 속 탄수화물 양

식품	탄수화물
밥 한 그릇(150g)	55.7g
떡 한 조각	25.2g
닭고기덮밥	107.5g
돼지고기카레	108g
오므라이스	89.4g
통식빵 1/6	28.0g
단팥빵	50.2g
메론빵	78.7g
메밀국수	52.0g
우동	54.0g
컵라면	56.9g
미트소스스파게티	84.9g
명란스파게티	73.1g
딸기 2개	2.3g
바나나 1개	20.3g
사과 1개	37.2g
오렌지주스 1컵	20.0g
요거트	9.9g
구운 푸딩	27.3g
찹쌀떡 1개	37g

출처: 일본 문부과학성 〈일본 식품 표준성분표〉(2015년 개정판)

결합해 만들어진 다당류다.

설탕을 많이 섭취하게 되면 혈당 수치가 급격하게 올라간다. 높아진 혈당 수치를 원래대로 낮추고자 인슐린이 과잉 분비되고 이것이 비만과 당뇨병을 부르는 것이다. 그러나 같은 탄수화물이어도 밥을 꼭꼭 씹어 먹으면 밥이 위로 들어가 소화하는 데까지 시간이 걸린다. 게다가 밥에는 탄수화물 외에도 비타민이나 미네랄, 단백질, 식이섬유 등 여러 영양소가 균형적으로 함유되어 있다. 결코 설탕과 같다고 볼수 없다.

그렇기에 '밥은 각설탕 몇 개의 당분'에 해당한다는 식으로 단순히 생각하는 것은 불필요한 불안감을 불러일으킬 뿐이다. 디저트는 밥을 대신할 수 없다.

'살찌는 탄수화물'의 정체

무심코 살찌게 되는 탄수화물 중에서 가장 주의해야 하는 것은 액상과당이다. 단맛이 나는 탄산음료에 많이 함유된 성분인데, 주스 같은 단 음료를 주의하라는 정도로 끝날

이야기가 아니다. 의식하지 못하고 집어 드는 논오일^{non-oil} 드레싱이나 불고기 양념 등의 제품에도 액상과당이 들어가 있는 경우가 많다.

액상과당은 주원료인 옥수수를 사용해 인공적으로 만들어낸 감미료로, 단맛이 강하고 체내에 흡수되는 속도가 무척 빠르다는 특징이 있다. 탄산음료나 시중에 판매되는 과자에 많이 함유되어 있으며, 다량 섭취하면 자신도 모르는 사이 당에 중독되기도 한다.

흡수가 빠른 탄수화물을 지속적으로 많이 섭취하면 뇌의 A10 신경계가 자극받아 도파민이 나온다. 이 도파민은 강한 쾌락을 느끼게 해서 뇌는 이를 기억하고 배가 고프건 고프지 않건 당을 강렬히 원하게 된다. 그 결과 뇌가 탄수화물 중독에 빠져 배가 고프지 않은데도 먹고 싶다는 생각을 멈추지 못해서 습관적으로 먹게 되는 것이라고 정신건강의학과 전문의 와타나베 신야 씨는 말한다.

탄수화물 중독은 알코올 중독이나 마약 중독과 같다. 먹으면 단맛이 입안에 퍼지고 뇌에 전달되어 미각이 마비된다.

당신은 탄수화물 중독에 빠져 있는가? 탄수화물 중독 진단표를 이용해서 간단하게 확인해보자.

탄수화물 중독 진단표

☐ 단 음식만으로 식사를 때우는 경우가 주 2일 이상 있다.

☐ 단 음식을 먹는 것으로 스트레스를 푼다.

☐ 배가 고프지 않은데도 먹을 것을 찾게 된다.

☐ 나도 모르게 단것을 사게 된다.

☐ 과자를 먹기 시작하면 멈추지 못하는 경우가 자주 있다.

진단표의 5가지 항목 중 2개 이상에 해당하는 사람은 탄수화물 중독 위험군, 3개 이상에 해당하는 사람은 탄수화물 중독일 가능성이 있다. 중독은 한 가지 음식만 섭취할 때 걸리기 쉬우며 그 속도도 빨라진다. 중독에서 빠져나오려면 의식적으로 다양한 음식을 맛보는 경험이 중요하다. 여러 가지 음식, 다채로운 맛의 변화를 즐기자.

식이섬유로 장내세균을 키우자

혈당 수치는 장내세균을 잘 조성하면 쉽게 올라가지 않

는다. 장내세균은 우리가 뱃속에서 키우는 반려동물과 같아서, 좋은 상태를 유지하기 위해서는 먹이를 주어야만 한다.

이런 장내세균의 먹이가 바로 식이섬유다. 식이섬유에는 물에 녹는 것과 물에 녹지 않는 것이 있다. 장내세균이 좋아하는 것은 물에 녹는 수용성 식이섬유다. 아보카도, 낫토, 우엉, 감자, 당근, 미역, 염교, 톳, 버섯, 키위 등에 다량 함유되어 있다. 식사할 때 의식적으로 섭취하면 장내세균을 키워 쉽게 살찌지 않는 몸으로 만들 수 있다.

국 하나, 반찬 셋,
재료는 다채롭게

재료의 가짓수가 다채로웠던 1975년 식단

일식은 밥을 주식으로 하고 다양한 종류의 반찬을 곁들인다. 실제로 식사에 사용되는 재료는 꽤 풍부한 편이라고 알려져 있다. 이런 식단이 건강에 좋은 영향을 준다는 사실을 확인할 수 있는 흥미로운 연구가 있다.

도호쿠대학의 스즈키 스요시 교수는 1960년, 1975년, 1990년, 2005년의 각 일반 가정식이 건강에 미치는 효과를 조사했다. 네 시기의 연도를 고른 이유는 일본인의 식사가 급속히 변화했던 시기를 기준으로 하기 위해서다.

1960년은 고도 경제 성장기 이전으로 일본이 지금만큼 풍요롭지 않았던 시기다. 반찬은 지금보다 꽤 적었는데, 진한 맛의 조림 하나에 절임 반찬과 국, 고봉밥 정도였다.

1975년은 고도 경제 성장을 반영하듯 식탁이 풍요로워진 시기다. 밥의 양은 줄고 대신 반찬의 가짓수가 늘어났다. 생선구이나 조림, 채소 반찬 등 국 한 그릇과 반찬 3가지의 전형적인 식사를 보여준다.

1990년은 서양의 영향을 받아 아침식사에 빵이 등장한

각 시기의 일반적인 가정식

시기다. 닭튀김이나 미트소스스파게티 등 양식과 비슷한 반찬도 늘어났다.

2005년은 이런 서구화가 더욱 발달한 식단을 볼 수 있는 시기다.

연구를 위해 자료를 모으고 각 연도의 일반 가정식 식단 일주일 치(3끼×7일)를 만들었다. 그러자 식사에 사용된 재료의 가짓수가 분명히 달라졌다는 사실을 알 수 있었다.

하루에 쓰인 재료의 평균 가짓수를 보니 1960년 식사는 10.5가지, 1975년 식사는 18.8가지, 1990년 식사는 17.4가지, 2005년 식사는 16.9가지였다. 오늘날은 다양한 음식 재료를 얻을 수 있는 시대인 만큼 음식 재료의 가짓수도 증가했으리라고 예상하기 쉽지만, 사실 1975년의 식단이 현재의 식단보다 재료가 더 다채로웠다.

무병장수하는 식단, 수명을 단축하는 식단

어느 시기의 식사가 가장 건강에 좋을까? 연구에서는 각 연도의 식사를 통째로 동결건조하여 분쇄한 뒤 각각의 음식을 실험용 쥐에게 먹였다. 그 결과 가장 오래 생존한 쥐는 1975년 식단의 음식을 먹인 그룹으로 90일 넘게 살았다고 한다. 반대로 가장 일찍 죽은 쥐는 2005년 식단의 음식을 먹인 그룹으로, 30퍼센트 가까이 수명이 짧아졌다.

이런 결과를 본 스즈키 교수는 사람을 대상으로 실험을 해보았다. 실험 참가자를 두 그룹으로 나누고 쥐가 가장 오래 산 1975년의 식단과 가장 짧게 산 2005년의 식단으로 각각 한 달 동안 먹도록 했다.

한 달 뒤 측정해보니 1975년 식단대로 먹은 그룹은 2005년 식단대로 먹은 그룹보다 중성지방 수치가 개선되었고 내장지방이 감소하는 등 건강에 미치는 긍정적인 효과를 확인할 수 있었다. 예상된 결과일 수도 있다. 그러나 스즈키 교수는 왜 1975년 식단이 건강에 효과적인지 심층적으로 분석했다.

그 결과 재료 가짓수가 풍부한 1975년 식단에 건강에 좋은 성분이 가장 많이 함유되어 있음을 알 수 있었다. 몇 가지 예를 들면, 채소에 함유된 베타카로틴과 비타민, 해초의 미네랄과 알긴산, 생선류에 들어 있는 DHA와 EPA 등의 지방, 콩에 함유된 이소플라본, 맛국물과 된장 등의 발효식품에 들어 있는 아미노산 등이다.

한편 1990년 식단이나 2005년 식단에서는 서구화의 영향으로 증가한 지방 섭취량이 수명을 단축하는 원인으로 작용한다는 사실이 밝혀졌다.

밥이 지닌 힘

이 연구의 결론을 말하자면 '1975년 식단이 무병장수에 좋은 이유는 사용한 음식 재료가 풍부해서 건강에 좋은 성분을 더 다양하게 섭취할 수 있었기 때문이다'라고 할 수 있다. 밥과는 무관해 보인다. 그러나 연구를 진행한 스즈키 교수는 다양한 음식 재료를 끌어당기는 밥의 힘을 무시할 수 없다고 말했다.

"빵과 밥 각각에 맞는 곁들임 메뉴를 상상해보세요. 밥은 맛이 담백해서 어떤 음식 재료와도 잘 어울리지요. 전통적으로 사용해온 음식 재료의 다채로움은 밥을 주식으로 했기 때문에 이루어진 것이라고 할 수 있습니다. **밥을 주식으로 선택했기 때문에 무병장수에 좋은 식생활이 이루어졌을**

가능성이 크다고 할 수 있어요."

스즈키 교수는 현재 장내세균을 연구하고 있다. 재료의 가짓수가 다양해지면 장내세균의 종류도 다양해지고 건강 효과가 높아진다는 사실이 드러나고 있다. 밥과 어울리는 다양한 음식 재료와 그 다양한 음식이 만드는 무병장수 효과에 관해서는 앞으로도 계속해서 새로운 연구 결과가 밝혀질 것이다.

바쁜 현대 사회에서는 편리함을 추구하느라 가공식품이나 외식으로 식사를 하는 횟수가 늘어나고 있다. 그러는 동안 우리가 먹는 음식 재료의 가짓수는 계속해서 감소하고 있다. 섭취하는 음식의 종류가 다양해서 무병장수에 효과적인 전통 식단을 잃어가고 있는 것이다. 건강식에 관해 고민할 때, '다양한 음식 섭취하기'는 무척 중요한 키워드라고 볼 수 있다.

가네코 마사토시

(NHK 과학·환경 프로그램 프로듀서)

소금이 없으면,
왜 뭔가 부족한 느낌이 들까?

많이 먹으면 수명이 줄어드는 소금, 현명하게 섭취하기

소금은 맛있는 요리에 빠질 수 없는 조미료이면서도, 지나치게 섭취하면 고혈압이나 질병을 일으킨다. 최신 연구에서 사실 인체는 염분을 거의 섭취하지 않아도 생존할 수 있도록 진화한 사실이 밝혀졌다. 그런데도 우리는 왜 이토록 소금을 원하는 걸까? 그 진짜 이유를 찾아서 소금과 인류의 긴 역사를 살펴보았다. 인류의 진화에서 우리의 적정 염분 섭취량을 가늠할 수 있다.

우리 몸은 항상 200그램의 염분을 유지한다

생명을 유지하기 위해 나트륨은 필요하다

일류 레스토랑 요리에서 패스트푸드까지 두루 쓰이는 소금은 약간 첨가하는 것만으로 무엇이든 맛있어지는 마법의 조미료다. 그러나 너무 많이 섭취하면 동맥경화증, 뇌졸중, 고혈압, 암 등 무서운 질병을 불러일으킨다.

짜지 않게 먹는 편이라서 괜찮다고 생각하는 사람도 남의 일로 생각하지 않는 편이 좋다. **최신 연구에 따르면 뇌가 소금을 과다하게 원하는 '소금 중독'에 걸릴 위험성은 누구에게나 있다고 밝혀졌기 때문이다.**

"인류에게 소금이란 최초의 마약이라고도 할 수 있다."

이렇게 말한 사람은 소금과 인류의 관계를 연구한 루마니아의 인류학자 마리우스 알렉시아누 교수다. 생명 유지에 필요하다고 일컬어지는 소금이 마약과 같다니, 왜 이렇게 아이러니한 일이 벌어지는 것일까? 그 답은 장대한 인류의 진화에 숨어 있다.

원래 인류의 조상은 염분이 많은 바닷속에서 살았다. 소금의 주성분인 나트륨을 몸에 흡수하여 사용한 것이다. 나트륨을 사용하게 된 것은 그저 주위에 많이 있었기 때문에 일어난 우연이라고 추측된다. 그리고 그 시스템을 이어받아 진화한 우리 인류도 나트륨 없이는 살 수 없다.

난자와 정자가 만나 새로운 생명이 만들어진 수정 직후, 수정란 표면에 잔물결처럼 전기가 일면서 작은 생명이 활동하기 시작한다. 사실 이때 세포에 전기가 전달되는 일은 나트륨에 의한 것이다. 인체의 심장이나 뇌의 신경세포 역시 나트륨이 만들어내는 전기 에너지로 활동한다. 바닷속에서 생명이 탄생한 이후 나트륨을 사용해서 생명을 유지하는 체계는 변함없이 이어져 내려왔다.

지금으로부터 약 4억 년 전, 인류의 조상은 어떤 경쟁 상대도 없는 새로운 세상을 향해 나왔다. 바다에서 육지로 올

라온 것이다. 육지에 올라온 조상은 바다에서 나와 경쟁 상
대가 없는 내륙으로 점점 더 나아갔다. 그리고 2억 5,000만
년 전, 조상은 파충류와 같은 형태로 진화했고 육상에서 번
식하기 시작했다.

　그런데 땅 위는 바다처럼 항상 주변에 나트륨이 있는 환
경이 아니었다. 인류의 조상은 생명의 위기를 직감했다. 그래
서 염분 부족을 극복하기 위해 어느 부분을 진화시켰다. 바
로 '혀'다.

생존을 위해 진화한 혀와 콩팥의 흥미로운 역할

　짠맛을 감지하는 센서로서 혀가 발달한 인류의 조상은
흙 속 등에 있는 적은 양의 염분을 발견해서 나트륨을 몸에
흡수할 수 있었다. 현재 우리의 혀는 그 예민한 감각을 이어
받으며 진화를 더욱 거듭한 것이다.

　인간의 혀 표면을 전자현미경으로 30배 확대해서 살펴
보면 무수히 많은 주름에 둘러싸인 둥근 부분을 볼 수 있다.
더욱 확대해보면 그곳에는 작은 구멍이 나 있는데, 구멍 속

에 양파 같은 모양을 한 '미뢰(맛봉오리)'가 있다. 이 기관을 통해 우리는 맛을 느낀다.

미뢰 속에는 짠맛, 단맛, 쓴맛 등을 느끼는 각각의 미세 포가 있다. 그중에서 가장 발달한 것이 짠맛을 감지하는 세 포다. 인간의 미뢰는 혀 전체에 약 1만 개가 있다. 한편 소금 이 가득한 바다에 사는 물고기의 미뢰는 200개 정도밖에 되 지 않는데, 그마저도 짠맛은 거의 감지하지 못한다.

우리의 혀가 소금을 민감하게 느끼게 된 이유는 땅 위에 서 살아가기 위함이었다. 그리고 땅 위에서 살아가기 위해 우리는 또 하나의 부분을 진화시켰다. 바로 콩팥(신장)이다.

콩팥은 소변을 만들어 몸 밖으로 노폐물을 배출하는 기 능을 한다. 사실 이때 혈액 속 나트륨의 대부분이 일단 소변 속으로 빠져나간다. 중요한 나트륨이 소변과 함께 그대로 몸 밖으로 빠져나가면 큰일이다. 그리하여 소금이 부족한 육지 에서 생활하기 시작한 우리의 조상은 콩팥의 굉장한 능력을 진화시켰다.

콩팥 표면을 확대하면 작은 흡입구가 많이 뚫려 있다. 그 구멍은 소변 속으로 빠져나간 나트륨을 다시 빨아들이는 정 교한 기능을 한다. **이런 진화를 통해 99퍼센트 이상의 나트**

륨이 다시 혈액 속으로 돌아가서 체내에는 항상 200그램 정도의 염분이 유지될 수 있게 되었다. 이 체계 덕분에 우리는 예전만큼의 염분을 섭취하지 않아도 살아갈 수 있게 되었다.

최적의 염분 섭취량은
하루에 1~3 그램?

소금을 전혀 먹지 않는 마사이족 사람들의 비밀

우리 취재팀은 케냐를 방문했다. 아프리카 최고봉인 킬리만자로 산기슭에는 코끼리, 사자, 얼룩말 등 여러 야생동물이 살고 있다. 이런 대자연 속에서 '소금을 먹지 않는 식생활'을 하는 이들은 높고 화려한 점프로 유명한 마사이족 사람들이다. 그들이 평소 어떤 식사를 하는지 아마 모르는 사람이 많을 것이다.

우리는 일주일간의 밀착 취재를 통해 그들의 생활을 가까이서 살펴보았다. 그러자 예상치 못하게 어른이고 아이고 노인이고 할 것 없이 소와 염소의 우유만 마시는 모습을 볼 수 있었다. 아침식사도 우유, 좀 출출할 때도 우유, 저녁식사도 우유……. 결국 식사다운 식사를 하는 모습은 보지 못했다. 신기하게 여기는 우리에게 마사이족 어르신이 이야기해주었다.

우유만 마시는데 마사이족 사람들은 건강하기만 하다.

"우리의 식사는 우유뿐이에요. 특별한 날에는 고기도 먹지요. 가뭄 때는 소의 피를 마실 때도 있답니다. 그렇지만 그 정도만 있으면 다른 음식은 필요하지 않아요."

금방 믿기지는 않았지만 마사이족의 주식은 우유였다. 성인은 하루에 2리터나 마신다. 그리고 소금을 섭취하는 일은 없다. 원래 마사이족의 언어에는 소금을 의미하는 단어조차 없다고 한다.

그렇다면 마사이족 사람들의 염분 섭취량은 0인 것일까? 그렇지는 않다. 사실 우유에는 100밀리리터당 약 0.1그램의 염분이 포함되어 있다. 즉 하루 2리터의 우유를 마시는 사람은 약 2그램의 소금을 섭취한다는 계산이 나온다. 일본인의 평균 염분 섭취량이 약 10그램이라고 알려져 있으니 5분의 1에 해당하는 적은 양이다.

마사이족 사람들은 기르고 있는 소를 '하얀 대지'에 데리고 가는 일이 있다. 그 흙은 마사이어로 '엔보레이'라고 하는데 동물을 위한 소금이다. 모래나 먼지가 섞여 있어서 인간은 먹지 않지만, 소는 그 소금을 아주 좋아한다. 흙을 핥으면 흙에 함유된 염분이 몸으로 흡수되어 우유에도 녹아든다. 그곳 사람들은 그 우유를 마셔서 필요한 염분을 섭취하는 것이다.

마사이족 사람들에게 우리가 평소 요리 등에 쓰는 소금을 맛보게 했다. 그러자 마치 독이라도 핥은 듯한 반응을 보였다.

고혈압 제로, 무염 문화권 사람들

세계 각지에 마사이족처럼 소금을 먹지 않고 생활하는 사람들이 있다는 사실이 알려졌다. 예를 들어 아마존에는 '야노마미'라고 불리는 수렵 채집 민족이 있다. 그들의 주식은 야생동물이나 민물 생선 등인데 역시 소금으로 간을 하는 일은 없다. 그리고 그들의 염분 섭취량은 마사이족보다 더욱 적어 하루에 1그램 이하인 것으로 알려져 있다. 이렇게 소금을 먹지 않는 식생활을 '무염 문화'라고 한다. 음식 재료에 포함된 하루 1~3그램 정도의 적은 염분 섭취량으로 살아가는 것을 말한다.

이런 무염 문화권 사람들의 건강 상태를 조사한 결과 놀라운 사실이 밝혀졌다. 그림은 소금 없는 생활을 계속하고 있는 카메룬의 선주민족인 바카·피그미족 사람들과 일본인의 혈압을 비교 조사한 결과다.

일본인의 경우 40대 이전에는 최고 혈압이 120수은주밀

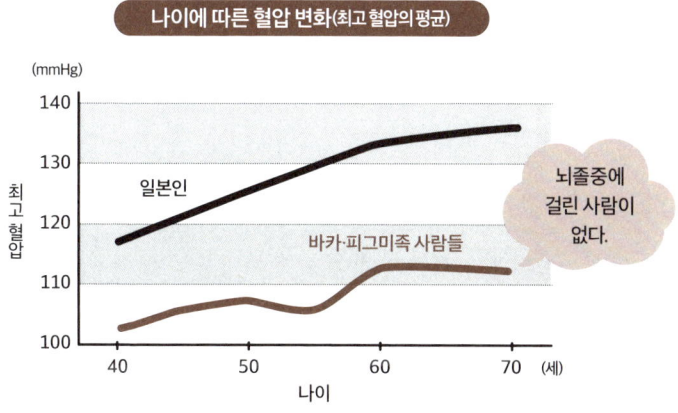

2장 · 소금이 없으면, 왜 뭔가 부족한 느낌이 들까?

리미터^{mmHg} 이하지만, 나이가 들어감에 따라 혈압이 점차 높아진다. 한편 바카·피그미족 사람들은 혈압의 상승이 무척 완만하다. 60대가 되어서도 최고 혈압이 120수은주밀리미터 이하인 사람도 드물지 않다. 조사 결과 뇌졸중에 걸린 사람이 없다는 사실도 밝혀졌다.

다른 무염 문화권 사람들을 대상으로 한 연구에서도 비슷한 결과가 나왔다. **무염 문화가 가르쳐준 점은 인간은 본래 하루에 1~3그램 정도의 염분만 있으면 충분히 살아갈 수 있다는 것이었다.** 그 정도의 염분 섭취량이라면 고혈압을 비롯한 여러 질병에 걸릴 것을 걱정할 일도 없다는 얘기다.

염분을 너무 제한해도 문제가 생기지 않을까?

그렇다면 반대로 염분 섭취를 너무 줄였을 때 발생하는 문제는 없을까? 사실 아직 의학적인 결론은 나오지 않았다. '염분 섭취량이 적으면 적을수록 사망률이 낮아진다'는 연구 결과가 있지만, 다른 연구에서는 '하루에 4그램 미만으로 섭취하면 사망률이 상승한다'는 결과도 보고되고 있어 연구자들 사이에서도 아직 논의가 계속되고 있다.

신중하게 접근하자면 하루 4그램 미만으로 염분을 제한하는 것에는 주의가 필요하다. 그러나 간장이나 된장을 즐겨 사용하는 평소 우리 식생활을 생각하면 4그램 미만의 엄격한 염분 제한을 실제로 달성할 수 있는 사람은 적을 것이다. 그만큼 염분 섭취 제한으로 생기는 위험에 관해서는 크게 걱정할 필요가 없다.

과거에 소금은
'건강보조식품'이었다

농경으로 인한 식생활 변화가 소금 섭취의 필요성을 높였다

인류의 조상은 땅 위에서 살아남기 위해 최소한의 소금만 있으면 살아갈 수 있는 몸으로 진화했다. 그런데 도대체 왜, 언제부터 대량의 소금을 섭취하게 된 것일까?

이런 의문을 풀기 위해 루마니아를 방문했다. 그곳에서 약 8,000년 전에 인간이 자력으로 대량의 소금을 만들고 섭취하기 시작했다는 증거가 발견되었기 때문이다. 이 사실을 밝힌 사람은 루마니아 국립대학교인 알렉산드루 이오안 쿠자대학의 마리우스 알렉시아누 교수다. 그는 우리에게 '인류 최초의 소금 생산지'라고 불리는 장소를 안내해 주었다.

현장에는 돌로 둘러싸인 곳에서 용천수가 나오고 있었다. 마리우스 교수는 팔을 뻗어서 손가락에 물을 묻혀 맛을 보더니 이렇게 말했다.

"아주 강렬한 맛이에요! 맛을 보면 정신이 번쩍 든답니다."

사실 이 용천수에는 해수의 7배나 되는 소금이 함유되어 있었다. 이것을 태운 숯에 뿌려서 소금의 결정을 골라낸 것이 세계 최초의 소금 생산이었다고 알려져 있다.

마리우스 교수는 8,000년 전이라는 시기에 주목했다. 같은 시기에 인류는 한 가지 또 다른 일을 시작했기 때문이다. 바로 곡물이나 채소를 대량으로 키우는 농경이다.

인류가 농경을 시작한 것은 약 1만 2,000년 전인데, 이것이 루마니아까지 전해진 시기가 8,000년 전이다. 소금 생산이 시작된 시기와 딱 들어맞는다. 그 후에도 농경 지역이 확대됨에 따라 각지에 차례차례 소금 생산이 시작된 것이다.

"농경을 시작해서 인류는 곡물이나 채소를 많이 먹게 되었습니다. 이런 식생활의 변화가 소금을 더 많이 섭취할 필요성을 높였다고 생각할 수 있습니다."

농경을 시작해서 많은 양의 소금 섭취가 필요해진 것이라면 농경과 소금에는 어떤 관계가 있을까? 마리우스 교수의 생각은 다음과 같다.

농경으로 많은 곡물이나 채소를 수확한 인류는 그것만으로도 배불리 먹을 수 있게 되었다. 그렇게 굶주림에서 벗어났지만 희한하게도 몸 상태가 나빠진 사람이 늘어났다. 원인은 바로 나트륨 부족에 있었다.

소금 제조 기술이 발달하게 된 이유

곡물이나 채소에는 나트륨이 거의 들어 있지 않다. 반대로 채소 등에 많이 함유된 칼륨이 생각지 못한 문제를 일으켰던 것으로 추측된다. 칼륨은 인체에 필요한 영양소이지만, 혈액 속에 너무 많은 양이 들어오면 부정맥을 일으키고 최악의 경우 심장까지 멈추게 한다. 그래서 콩팥은 과다하게 섭취한 칼륨을 몸 밖으로 배출하는 커다란 역할을 한다.

콩팥은 앞서 설명했듯 소중한 나트륨을 소변에서 혈액 속으로 회수하는 정교한 기능을 한다. 그러나 소변 속에 칼륨이 너무 많이 흘러들어오면 콩팥은 소변에 들어 있는 나트륨을 이용해 칼륨을 배출하는 작업을 먼저 하게 된다. 그래서 칼륨이 많은 농작물을 먹으면 먹을수록 소변 속의 나트륨은 혈액으로 회수되지 못하고 칼륨과 함께 몸 밖으로 배출되고 만다. 그 결과 나트륨 부족에 빠질 위험이 생기는 것이다.

그래서 나트륨 덩어리인 소금의 결정을 사람이 직접 만드는 제염 기술을 고안하게 되었다. 즉 **농경을 시작한 뒤 인류가 필사적으로 얻으려고 한 대량의 소금은 나트륨 부족을 극복하기 위한 건강보조식품이었던 것**이라고 마리우스 교수는 짐작했다.

"소금은 당시 사람들의 건강을 지키기 위한 약이었음이 틀림없어요."

사실 나트륨 부족에 빠지는 것은 인간뿐만이 아니다. 코끼리나 사슴 같은 초식동물도 나트륨을 보충하기 위해 소금을 핥는다. 초식동물은 식물을 먹기 때문에 칼륨은 많이 섭취할 수 있지만, 그만큼 나트륨이 부족해지기 쉽다. 그래서 소금을 핥아 부족한 나트륨을 보충하는 것이다.

물론 당시 사람들이 나트륨 부족을 인식했던 것은 아니겠지만, 소금을 섭취하자 몸 상태가 좋아지는 것을 체감하고 깨달았을 수 있다. 소금을 만드는 기술이 세계적으로 발달한 것은 바로 그 때문이었으리라고 추측된다.

　이런 소금 제조 기술의 발달로 오늘날 세계에는 다양한 종류의 소금이 생산된다. 저마다 짠맛의 정도나 풍미가 다른 소금을 맛보는 일도 즐길 수 있게 되었다.

사람의 미각을 사로잡는
최강의 조미료

2,000년 훨씬 전부터 요리의 간은 소금으로

소금은 인류에게 체내 나트륨 부족을 보충하기 위한 건
강보조식품이었다. 그러나 소금에는 그것 말고도 또 다른 기
능이 있었다. 음식의 풍미를 살리는 기능이다. 그렇다면 인
류는 맛을 좋게 하는 소금의 마력에 언제부터 매료되기 시작
한 것일까?

그 답을 찾기 위해 이번에는 이란으로 향했다. 지금으로
부터 약 2,500년 전, 이란을 중심으로 한 페르시아 제국이
번영을 누리고 있었다. 페르시아 제국 시대는 인류의 미식
문화가 꽃을 피운 때다.

전통 노천시장인 바자^{bazar}를 찾았는데 그곳에는 전통 요리인 저홀바홀^{jaqur-baqur}이 있었다. 소 내장에 토마토나 양파를 넣고 같이 볶은 요리다. 만드는 과정을 지켜봤는데, 기름을 두른 철판에 소 내장을 넣고 소금을 넉넉하게 뿌린 뒤 양파, 토마토, 콩 등의 재료를 더해 볶아서 만들었다. 이란 사람들은 짭짤한 맛을 아주 좋아한다.

예상치 못한 음식에 소금을 넣기도 했다. 가게 주인이 큰 대야에 쌀을 씻고 있었는데 쌀이 잠겨 있는 물속에 커다란 암염이 덩어리째 들어가 있었다. 이렇게 해서 밥을 지으면 짠맛이 제대로 밴 밥이 완성된다.

이와 같이 소금을 많이 섭취하는 식문화는 그 기원이 2,000년 훨씬 전인 페르시아 제국 시대로 거슬러 올라간다. 이때부터 고기와 채소, 음료 등 다양한 요리에 소금을 사용했던 것으로 추측된다. 당시 이 지역에서 대량의 암염이 발견된 것이 계기가 되었다고 전해진다. 점차 많은 양이 발굴되자 소금 덩어리가 돈에 맞먹는 가치를 지니게 된 것으로 알려져 있다.

소금에 절인 미라에게서 나온 놀라운 사실

소금 유행에 불을 지핀 것으로 알려진 장소는 이란에서도 가장 오래된 체흐라바드 소금광산이다. 마치 바위산처럼 울퉁불퉁한 대지 어느 곳에 소금이 잠들어 있는 것일까?

우리는 고고학자인 아볼파즐 알리 박사와 함께 광산 내부로 들어갔다. 알리 박사에 의하면 페르시아 제국 시대의 사람이 이곳에서 충격적인 모습으로 발견되었다고 한다.

"여기에 사람이 위를 향해 누워 있었어요. 암염에 묻혔던 것 같아요."

무려 2,400년 동안 암염에 절여 있던 미라가 발견된 것이다. 통칭 '솔트맨'이라고 불리는 그 미라는 소금의 보존력으로 붉은 머리카락과 피부, 손톱까지 경이로울 만큼 깨끗한 상태로 남아 있었다.

발굴 당시, 주변에서 철제 곡괭이와 암염이 들어 있는 봉투도 발견되었다. 아무래도 이곳에서 암염을 채굴하다가 갑작스레 발생한 대지진으로 생매장된 것이라 짐작된다.

미라의 세포를 분석한 결과, 이 인물의 출신지에 관한 놀라운 사실이 밝혀졌다. 독일 광산박물관의 토마스 스톨너

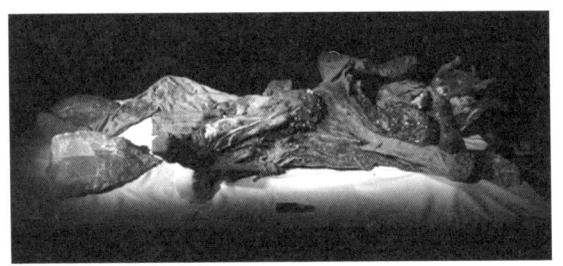
2,400년이나 땅속에 있었다고는 믿기지 않을 정도로 상태가 깨끗한 미라.

교수는 이렇게 말했다.

"솔트맨은 신선한 해산물을 먹고 자란 인물로 밝혀졌어
요. 그의 출신지는 광산에서 200~300킬로미터나 떨어진
카스피해 연안으로 추정됩니다. 대량의 소금을 구하러 그렇
게 먼 곳에서 찾아온 것이지요."

해안이라면 소금을 얼마든지 손에 넣을 수 있었을 텐데,
왜 굳이 이 지역까지 암염을 캐러 온 것일까? 솔트맨을 매료
시킨 투명한 암염을 분석하자, 당시 바닷물로 만들었던 소금
보다 순도가 훨씬 높다는 사실을 알 수 있었다.

다른 것이 섞이지 않은 순수한 소금의 맛은 최고의 조미
료로 사람들을 사로잡은 것이 틀림없다. 목숨을 걸고서라도
손에 넣을 가치가 있었던 것이다.

나트륨이 있으면 혀는 더욱 민감해진다

그렇다고는 해도 인류가 이렇게까지 소금을 사용한 음식에 빠졌던 이유는 무엇일까? 그 이유는 우리의 혀에 숨겨져 있었다.

원래 우리의 혀는 4억 년 전 인류의 조상이 땅 위로 나왔을 때 생존을 위해 소금을 탐지하는 '초고감도 소금 센서'로 진화한 것이다. 그러나 그 혀에는 단순히 짠맛을 민감하게 느끼는 기능에 더해 '신비한 능력'이 있었던 것이 최신 연구에서 밝혀지고 있다.

우리는 규슈대학의 오감 응용 디바이스 연구개발센터에서 근무하는 니노미야 유조 교수에게 자세한 설명을 들었다. **혀 표면에는 맛을 느끼는 기관인 미뢰가 약 1만 개 정도 있으며 각 미뢰에는 다양한 맛을 느끼는 세포가 있는데, 사실 어느 맛을 느끼든 소금이 중요한 역할을 한다는 것이다.**

예를 들어 단맛을 느끼는 세포 표면을 확대해보면, 거기에는 무수히 많은 센서(수용체)가 있다. 그곳에 당분이 흡수되면 센서에서 보내는 신호가 뇌로 전달되어 단맛이라고 느낀다. 사실 이 단맛 센서가 당분만 접촉할 때는 아무 반응도 일어나지 않는다. 당분과 나트륨이 같이 접촉할 때만 반응을 일으켜 단맛을 느끼는 '특별한 센서'가 있다는 사실이 발견된 것이다.

특수 현미경으로 단맛을 느끼는 세포 단면을 확대해보면, 당분만 먹을 때보다 당분과 소금을 함께 먹을 때 단맛에 반응하는 세포가 1.5배 증가한다는 사실을 알 수 있었다. 다시 말하면 보다 강하게 단맛을 느낀다는 이야기다. 수박에 소금을 뿌리면 단맛이 강하게 느껴지는 이유도 이런 혀의 구조에 있었다.

'감칠맛과 소금'이나 '기름진 맛과 소금' 등도 '단맛과 소금'과 같은 원리로 반응을 보인다. **조금이라도 소금이 같이 들어갈 때 감칠맛이나 기름진 맛 등이 더 강하게 느껴지는 것이다.** 그런데 무엇을 위해 이런 구조가 생겨난 것일까?

소금이 뇌의 보상체계를 강하게 자극한다

애초에 인류의 조상은 극히 적은 양의 소금이라도 탐지할 수 있는 소금 센서가 필요했기 때문에 혀를 진화시켜 그 기능을 강화했다. 염분은 여러 가지 먹거리에 들어 있다. 어떤 맛의 음식이든 거기에 약간의 소금이 함유되어 있다면 놓쳐서는 안 된다. 그래서 단맛이나 감칠맛이 나는 음식에 조금이라도 염분이 들어가 있으면 뇌가 강하게 자극되어 더 먹게 되는 시스템이 생긴 것이다.

즉 소금은 맛을 만들어내는 사령탑 역할을 한다고 할 수 있다. 뇌의 보상회로(쾌락중추)에 영향을 주어 더 강한 즐거움을 원하게 하는 결과로 이어진다. 맛의 쾌락을 더 많이 얻으려면 소금도 같이 먹어야만 하는 '진화의 운명'을 우리는 거스를 수 없다. 맛있음을 추구하면 추구할수록 소금을 과다섭취하게 되고 어느새 뇌는 소금의 노예가 되고 만다.

4억 년 전 바다를 떠나 소금이 부족한 땅 위에서 살아가기를 선택한 조상이 생존을 위해 씨름한 결과, 소금 없이는 충분히 맛을 느끼지 못하는 숙명을 우리에게 준 것이다.

마사이족도 소금의 포로가 되다

소금의 마력이 얼마나 거부하기 힘든 것인지 가르쳐준 이들은 소금을 거의 섭취하지 않는 생활을 해온 아프리카 마사이족 사람들이다. 소금을 핥고 마치 독이라도 핥은 듯한 반응을 보였던 그들에게 최근 이변이 일어나기 시작했다.

마사이족이 이용하는 시장에 간 우리는 정육점에 모인 많은 사람을 목격했다. 관심을 끈 것은 막 삶은 커다란 고깃덩어리였다. 그 고기에는 뭔가 하얀 것이 붙어 있었다. 바로 소금이었다. 게다가 전채요리인 바나나 수프에도 소금이 가득 들어 있었다.

이런 식문화의 변화는 마사이족 사람들의 건강에도 커다란 영향을 미치기 시작했다. 시장에서는 요 몇 년 사이 약을 파는 가게가 눈에 띄게 많아졌다. 마사이족 사람들에게 고혈압 약이 날개가 돋친 듯 팔리고 있다고 한다.

병원에서도 고혈압 치료를 받으러 오는 마사이족 사람들이 끊이지 않는다. 진료를 보는 의사는 이런 급속한 변화에 위기감을 느낀다고 말했다.

"전에는 마사이 사람에게서 볼 수 없었던 고혈압이 빠르게 증가하고 있어 사태가 심각합니다. 마사이 사람들은 어느새 소금 없는 생활로 돌아가지 못하는 지경이 되었어요."

소금의 마력은 소금을 싫어했던 마사이족 사람들의 식생

활을 변화시킬 정도다. 한 번 소금이 만들어내는 맛을 알고
나면, 누구라도 금세 소금의 포로가 되고 마는 것이다.

콩팥을 보호하고 싶다면
염분을 줄이자

염분을 과다하게 섭취한 콩팥의 운명

인류의 조상은 소금이 모자란 땅 위에서 살아가기 위해 적은 소금으로도 살 수 있도록 진화했다. 그러나 얼마든지 소금을 얻을 수 있는 시대가 되어서도 소금을 원하는 본능은 사라지지 않았다. 소금과 인류의 숙명은 100세까지 무병장수를 꿈꾸는 우리에게 새로운 과제를 들이밀고 있다.

특히 우리의 콩팥은 힘든 싸움을 해야 하는 처지에 놓였다. 콩팥의 중요한 역할은 소변을 만드는 일이다. 혈액 속에서 노폐물이나 필요 없는 성분을 걸러서 소변으로 배출해준다. 우리가 식사로 과다하게 섭취한 염분도 콩팥이 열심히 소변 속으로 보내서 몸 밖으로 버린다. **그런데 날마다 과다한 염분을 몸 밖으로 계속 버리다 보니, 콩팥에 생각지 못한 사태가 벌어지고 있음이 밝혀졌다.**

콩팥의 CT 사진을 보면 30대의 건강한 콩팥은 예쁜 잠두콩 모양인 것을 볼 수 있었다. 그러나 80대가 되면 표면에 요철이 나타나고 찌그러진 모양으로 바뀌었다. 크기도 15퍼센트 이상 작아졌다. 오랜 시간을 거쳐 대량의 염분이나 노폐물을 계속해서 걸러낸 결과, 콩팥의 모세혈관이 동맥경화를 일으킨 것이다.

혈액 성분을 조절하는 콩팥의 기능이 떨어지면 온몸의 장기에 악영향을 끼치게 되고, 최악의 경우 다발성 장기부전(복합 장기부전)으로 목숨을 잃는 경우도 생긴다. 그리고 인공투석이 필요해지면 자유롭지 못한 생활을 할 수밖에 없다.

콩팥은 40대를 기점으로 급격히 노화한다

콩팥의 노화가 언제부터 일어나기 시작하는지도 알려졌다. 10대의 콩팥 크기를 100이라고 한다면, 20~30대까지는

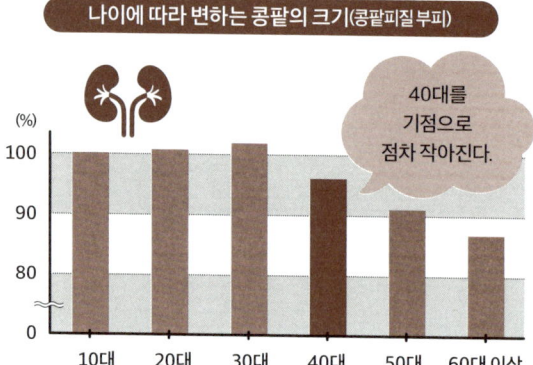

나이에 따라 변하는 콩팥의 크기(콩팥피질 부피)

40대를 기점으로 점차 작아진다.

거의 같은 크기를 유지한다. 그러나 40대를 기점으로 크기가 점차 작아지고 기능도 급속하게 떨어진다.

1940년대까지만 해도 그렇게 큰 문제는 아니었다. 원래 일본에서는 평균수명이 50대였기 때문이다. 그러나 **평균수명이 85세에 육박하는 지금의 콩팥은 장시간 계속해서 일할 수밖에 없게 되었다.**

근육은 단련해서 키울 수 있지만, 콩팥은 단련할 수 없다. 이대로 소금을 계속해서 많이 섭취한다면 건강하게 살 시간이 줄어들고 수명에까지 영향을 미칠 수 있다는 사실을 부정할 수 없다.

나이가 들면서 자연히 콩팥의 기능도 떨어지는데, 건강

하게 오래오래 살려면 염분 섭취를 줄이는 것이 필요하다. 고혈압이나 신부전증 같은 큰 질병에 걸리고 난 뒤 염분 섭취를 줄이는 사람은 많지만, 사실은 병으로 진행되기 전에 의식하는 편이 좋다.

병도 낫게 한다?
소금에 숨겨진 미지의 능력

8,000년 전 유적에서 솟아나는 소금물

소금은 맛있는 만큼 나도 모르는 사이에 너무 많이 섭취하게 된다. 그러나 인류의 조상은 그런 소금을 현명하게 사용하는 지혜로 생명을 이어왔다.

우리 취재팀은 예부터 이어져 온 소금물을 소중히 지키며 살아가는 사람들을 방문했다. 루마니아 북부의 트란실바니아 지역이다. 8,000년 전 세계 최초로 소금을 생산한 곳이다. 마차에 몸을 싣고 흔들리며 가기를 30분, 4대가 함께 사는 두두 씨 가족을 만나 어느 얕은 골짜기를 찾았다. 사실이 지역에는 소금이 잔뜩 함유된 용천수가 곳곳에서 나온다. 가족은 그 물을 듬뿍 퍼서 집으로 가지고 돌아간다.

집에 돌아온 뒤 우선 어머니가 전통 치즈인 카쉬카발kashkaval을 만들기 시작했다. 틀에 넣어 하룻밤 둔 뒤 아까 퍼온 소금물에 담근다. 이렇게 하면 은은하게 짠맛이 더해져서 풍미가 좋아질 뿐 아니라 보존성도 좋아진다.

밭에서 따 온 채소도 소금물에 담가 보관한다. 반년 이상 전에 수확한 채소인데 마치 금방 따 온 듯 신선했다. 이렇게 가족이 함께 둘러앉는 매일매일의 식탁에는 소금을 이용해서 만든 음식이 차려져 있었다.

소금물은 떠 오는 장소에 따라 미묘하게 맛이 다르다고 한다. 채소를 담글 때는 이쪽의 물, 살라미를 만들 때는 저쪽의 물을 사용하는 식으로 만드는 음식에 따라 물을 뜨는 장소가 달라진다. 같은 소금물이라도 함유 성분이나 농도 차이에 따라 구별하여 사용하고 있다.

생존을 위해 꼭 있어야 했다

예부터 소금을 이용한 생활방식은 일본에도 남아 있다.

우리는 아오모리로 취재를 나섰다. 봄의 계절, 막 눈 녹은 밭에 여성들이 모여 있었다. 목적은 머윗대다. 평소에는 부드러운 새순을 튀김으로 만들어 먹지만, 지역 사람들이 이날 모인 이유는 너무 자라서 약간 단단해진 머위 줄기를 따기 위해서다. 이 부분을 먹으려면 소금이 필요하다. 따 온 머위 줄기를 넉넉한 양의 소금과 쌀누룩에 담가놓으면 발효가 시작된다. 독특한 풍미와 부드러운 식감을 가진 머윗대 장아찌가 완성된다.

곳간 안에는 많은 종류의 발효식품이 보였다. 빨간 순무와 돼지감자 장아찌, 단무지, 풋콩 장아찌, 그중에는 아오모리 특산 사과 장아찌까지 있었다. 이런 발효식품은 그대로 먹기만 하는 것이 아니다. 소금기를 뺀 뒤 무침이나 조림 요리 등의 재료로도 쓰인다. 발효식품만의 강한 감칠맛은 요리에 깊은 맛을 더해 준다.

이렇게 다양한 재료를 사용하여 다채롭고 풍성한 상차림이 완성된다. 전기도 냉장고도 없던 시대, 재료를 오래 보존할 수 있도록 하는 소금은 생존을 위해 빼놓을 수 없는 것이었다. 사람들은 소금을 이용하여 먹거리가 부족한 겨울을 나며 목숨을 부지할 수 있었다.

소금에 숨겨진 미지의 능력

소금과 우리의 깊은 관계는 오늘날에도 신비함으로 가득 차 있다. 루마니아 북부 투르다 소금광산의 지하 깊은 곳에는 놀라운 공간이 펼쳐져 있었다. 이곳은 원래 대규모로 암염 채굴이 이루어진 장소인데, 그 자리가 놀이공원으로 개발되어 전 세계 관광객이 방문하는 인기 명소가 되었다.

더욱 놀라운 것은 그 공간보다 더 안쪽에 있었다. "관광객 출입금지"라고 쓰인 간판 안쪽에서 많은 어린이가 활기차게 놀고 있었다. 이 장소는 천식이 있는 어린이를 위한 치료 시설이었다. 그림책을 보거나 달리거나 운동을 하며 어린이들은 마음껏 지내고 있었다. 신기하게도 암염으로 둘러싸이기만 했는데 천식이나 기관지염 등의 증상이 나타나지 않는다고 한다. 이런 일이 일어나는 이유는 무엇일까?

투르다 소금광산의 오비디브 메라 박사는 이야기했다.

"이 암염광산의 공기는 작은 소금 입자를 함유하고 있습니다. 그 입자가 호흡을 통해 체내에 흡수되면 폐나 기관지염증을 억제하는 효과가 있는 것으로 짐작하고 있어요."

이 메커니즘은 아직 제대로 밝혀지지 않았다. 답을 찾기 위한 연구가 계속되고 있다.

소금의 신기한 능력은 이뿐만이 아니다. 우리는 독일 남부에 있는 세계문화유산 마을 레겐스부르크로 취재를 떠났다. 레겐스부르크대학의 요나단 얀취 교수는 이런 실험을 했다. 피부에 세균이 감염된 쥐를 두 그룹으로 나눠 각각 염분이 적은 먹이와 염분이 많은 먹이를 주었다. 그 결과 염분이 많은 먹이를 먹은 쥐의 감염증이 빨리 나았다.

원인은 세균과 싸우는 면역세포에 있었다. 면역세포를 넣은 용기에 소금의 주성분인 나트륨을 첨가하자 면역세포가 활성화되어 세균의 증식을 억제한다는 사실을 확인할 수 있었다. 얀취 교수는 이렇게 이야기했다.

"연구에 진척이 생기면 나트륨의 기능을 이용해서 질병을 치료할 수 있는 시대가 올지도 모릅니다. 소금에는 아직 알려지지 않은 능력이 숨겨져 있을 테니까요. 우리는 그 수수께끼를 풀어서 소금의 새로운 가능성을 발견할 필요가 있지요."

세포가 활동하는 에너지는 기본적으로 나트륨과 칼륨을 세포 안팎으로 드나들게 하는 것으로 생기는 전기의 힘이다. 그것이 없으면 우리는 살아갈 수 없다. **일단 우리의 세포 단**

위부터가 소금이 없으면 움직일 수 없는 몸의 구조로 만들어져 있는 것이다.

소금은 땅 위에 있는 모든 생물의 생명 유지를 돕는다. 우리는 소금이 지닌 진정한 능력을 이제부터 더욱 알게 될지도 모른다.

하루에 1.4그램만
소금 섭취량 줄이기

어느새 당신도 소금 중독!

맛있는 음식이더라도 조금 싱거우면 뭔가 부족함이 느껴
진다. 하지만 거기에 약간의 소금을 뿌리기만 하면 금세 맛
있어진다. 어쩌면 우리는 소금을 즐기고 있는지도 모른다. 그
렇다면 소금의 하루 적정 섭취량은 어느 정도일까?

일본 후생노동성은 남성에게 7.5그램 미만, 여성에게 6.5
그램 미만을 권장하고 있다. 일본 고혈압학회는 6그램 미만,
세계보건기구WHO는 더욱 엄격한 5그램 미만을 권장한다(참고
로 한국 보건복지부는 소금의 하루 섭취량에 대해 7.5그램 이하를 권장

한다-옮긴이). 마사이족 등 무염 문화권 사람들이 2~3그램을 섭취한다는 사실을 생각하면 더 적은 양을 섭취해도 좋을 듯하다.

그러나 현재 일본인의 하루 평균 소금 섭취량은 남성 10.8그램, 여성 9.1그램으로 알려져 있다. 양쪽 모두 과다하게 섭취하고 있다. 이런 상태가 계속되면 혈액 속에 증가한 염분을 희석하기 위해 몸에 수분이 늘어나 혈관을 압박한다. 고혈압을 부르게 되는 것이다. 게다가 그런 상태가 장기간 계속되면 혈관에 상처가 생겨 동맥경화를 일으키거나 뇌혈관이 파열되어 뇌졸중을 일으킬 위험성이 높아진다. 그뿐만 아니라 최근 연구에서는 염분이 뇌에 미치는 예상치 못한 영향이 밝혀지고 있다.

미국 듀크대학에서 이런 실험을 했다. 실험 쥐에 염분이 많은 먹이를 계속 주다가 어느 날 갑자기 이를 멈추었다. 그러자 쥐의 뇌 속에서 마약 중독인 사람이 마약을 찾을 때 나타나는 것과 같은 특수 물질이 다량 확인되었다. 이 실험을 한 볼프강 리트케 교수는 말했다.

"인간도 소금을 계속해서 과다하게 섭취하면 뇌에서 소금을 중독적으로 원하는 물질이 늘어날 것으로 볼 수 있습니다."

사람에게도 소금을 섭취하지 않고는 견디지 못하는 위험성이 있는 것이다.

소금 중독이 무서운 이유는 식사 시 '염분을 과다하게 섭취했다'는 자각을 할 수 없기 때문이다. 콩팥의 상태가 나빠지는 것을 눈치채기란 무척 어려운 일이다. 그리고 소금 중독이 진행되면 약간의 소금으로는 부족함을 느끼게 되어 섭취량이 점차 늘어나기도 한다. 이를 개선할 방법은 없을까?

1.4그램 덜 먹으면 뇌졸중과 심장병 사망률이 줄어든다

일본의 고혈압 추정 환자 수는 약 4,300만 명이다. 국민 3명 중 1명꼴로 고혈압을 앓고 있으며 복약 및 생활습관지도의 대상이다. 병원이나 건강검진센터 등에서 염분은 되도록 줄이라는 말을 들어본 사람은 더 많을 것이다.

염분 섭취를 줄이면 정말 혈압이 떨어질까? 의문을 해결하기 위해 우리는 영국을 방문했다. 어떤 놀라운 방법으로 전체 국민의 염분 섭취량을 줄이는 데 성공해서 커다란 성과를 얻은 사실이 알려졌기 때문이다.

2014년, 세계적인 의학잡지 〈BMJ Open〉에 관계자에게 충격을 던진 연구가 발표되었다. 영국에서는 2003년경부터 기업, 정부, 학교가 협동하여 강력한 '염분 줄이기 캠페인'을 실시했다. 그 결과 2011년까지 8년 동안 영국 국민 전체의 하루 염분 섭취량이 9.5그램에서 8.1그램으로 감소했다. 1작은술의 염분 섭취량이 약 6그램이므로 1.4그램이라고 하면 4분의 1작은술 정도에 지나지 않지만, 그 정도 양을 줄인 것이 가져온 건강 효과는 연구자도 놀랄 정도였다.

그렇다면, 영국에서는 어떤 방법으로 염분 섭취량을 줄일 수 있었을까?

영국의 슈퍼마켓에 가면 식료품 포장재에 여러 색깔로 된 표시가 붙어 있다. 염분량을 초록, 노랑, 빨강의 3가지 색으로 표시한 것으로, 빨강은 100그램당 13퍼센트 이상의 염분이 들어가 있다는 경고 마크다. 다음으로 염분량이 많은 것은 노랑, 가장 적은 것은 초록으로 표시해 힐끗 보기만 해도 판단할 수 있게 했다.

실제로 영국에 살면 슈퍼마켓에서 물건을 사려고 할 때마다 이 표시에 신경을 쓸 수밖에 없고, 신기하게도 점차 초록으로 표시된 제품에 손이 가기 마련이다. 영국은 이렇게 영양성분을 고지하는 방법으로 염분 줄이기에 성공했지만 사실 그 뒤에는 더한 비책이 있었다. 바로 국민이 모르는 사이에 염분 줄이기 작전을 실시한 것이다.

영국에서는 빵을 주식으로 먹는데, 빵으로 섭취하는 염분이 전체의 20퍼센트 정도라고 알려져 있다. 통식빵을 6장으로 자른 식빵을 예로 들면, 1장당 약 0.8그램의 염분이 들어가 있다. 이 정도로 작은 감자칩 한 봉지(0.6그램)보다 더 많은 염분을 먹는다니 놀라울 따름이다. 버터나 마가린을 바르면 염분량은 더욱 증가할 것이다.

그래서 제빵 업계도 적극적으로 협력했다. 3년에 걸쳐 빵의 염분량을 조금씩 줄여서 국민이 알아차리지 못하는 사이, 염분 줄이기를 훌륭하게 성공한 것이다. 개인적인 노력이 필요하지 않았기에 오히려 성공할 수 있었다고 할 수 있다.

1.4그램의 염분 줄이기로, 최고 혈압은 2.7수은주밀리미터 감소했고, 최저 혈압은 1.1수은주밀리미터 감소했다. 작은 변화라고 생각될 수 있지만 그렇지 않다. 고혈압이 기폭제가 되어 걸리는 질병에는 뇌졸중과 허혈성 심장질환(심근경색이나 협심증 등의 총칭)이 있는데, 그 사망률을 조사해보니 무

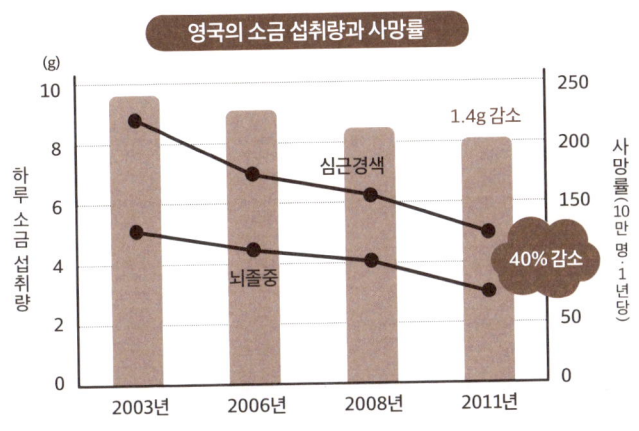

(g)

하루 소금 섭취량

심근경색

1.4g 감소

40% 감소

뇌졸중

사망률(10만 명·1년당)

2003년   2006년   2008년   2011년

려 40퍼센트 이상 감소한 것이다. 이것은 연간 2조 엔의 의료비 삭감으로도 이어졌다.

하루에 1.4그램 정도의 염분 섭취를 줄이기만 해도 고혈압을 개선할 뿐 아니라, 생사를 가르는 질병도 예방할 수 있다는 사실이 이처럼 영국의 염분 줄이기 대책을 통해 밝혀졌다.

다 함께 '몰래몰래 염분 줄이기' 운동을!

일본인의 하루 소금 섭취량은 평균 9.9그램이다. 염분 줄이기 캠페인을 시작하기 이전의 영국과 같은 수준으로 소금을 섭취하는 상황이 계속되고 있다. '일본도 영국처럼 몰래 몰래 소금 섭취를 줄여준다면 좋을 텐데'라는 생각이 드는 건 당연하다.

아쉽지만 일본에서는 영국과 같은 대규모 캠페인은 진행되고 있지 않다. 다만 몇 년 전 상품의 염분을 줄이는 움직임이 나오기 시작했다. 2019년 가을, 대기업 식품 브랜드가 저염을 표방한 컵라면을 발표했는데 제품 하나당 1.4그램의 염분을 줄인 것이다. 게다가 몇몇 편의점 프랜차이즈에서도 도시락이나 반찬에서 '몰래몰래 염분 줄이기'를 시작했다. 지금 상황으로는 판매량에 별 차이가 생기지 않았다. 소비자는 염분이 줄어든 사실을 눈치채지 못한 듯하다.

영국의 사례를 보면 염분 섭취량을 줄이는 일이 결코 이뤄내기 어려운 문제는 아니다. 그날그날 장을 볼 때 영양성분 정보를 확인하는 것만으로도 의식이 변화해서 염분을 줄이는 결과로 이어진다고 한다. 우선 하루에 1.4그램만이라도 줄여보자는 생각으로 매일의 식생활을 살펴보는 것은 어떨까?

조미료 용기와 조리법만 살펴도
염분을 줄일 수 있다

염분을 제한하면서 간이 딱 맞는 요리를 만드는 비결

인생 100세 시대를 맞이했지만, 건강하게 오래 살기 위해서는 콩팥의 기능을 유지하는 것이 중요하다. 이를 위해 꼭해야 할 일이 젊을 때부터 시작하는 염분 줄이기다.

그렇다고 억지로 싱겁게 먹어야 할 필요는 없다. 약간의 비법을 이용하면 소금을 줄여도 맛있는 음식을 만들 수 있다. 〈식의 기원〉 방송을 진행했던 스튜디오 출연자에게도 호평을 받았던 저염 요리의 비법을 공개한다.

사진에서 보이는 저염 생선조림 정식 식단에서는 돈지루,

소송채무침   가자미조림

돈지루

저염 생선조림 정식. 자세한 레시피는 266~269쪽을 참고.

가자미조림, 소송채무침에 사용된 총 염분량이 소금 약 1.5 그램이다. 꽤 낮은 염분량이지만 만족할 만한 수준의 짠맛을 느낄 수 있도록 여러 가지 노력을 기울였다. 각각의 요리 비법을 살펴보자.

• 돈지루(일본식 돼지고기된장국)

비법은 '말린 표고버섯 불린 물을 맛국물로 사용하는 것'이다. 말린 표고버섯에만 함유된 구아닐산이라는 감칠맛 성분이 더해져서 적은 염분으로도 맛있게 느낄 수 있다.

중요한 점은 '말린 표고버섯을 불리는 법'이다. 상온에서가 아니라 냉장고 안 낮은 온도에서 물에 넣고 불리면 구아 닐산이 더 많이 추출되어 감칠맛이 급격히 올라간다. 돈지루 요리법은 평소 쓰던 레시피 그대로여도 괜찮다. 다만 미소된 장의 양을 10~20퍼센트 정도 줄여보기를 권한다.

• 가자미조림

비법은 '너무 익히지 않는 것'이다. 짧은 시간 동안 조려서 생선 속까지 염분이 스며들지 않도록 하고 표면에만 짠맛을 입힌다. 혀에 닿기 쉬운 살 표면에 집중적으로 맛을 배게 하면 적은 염분으로도 충분히 짠맛을 느낄 수 있다.

• 소송채무침

비법은 '과하게 데치지 않는 것'이다. 끓기 시작한 물에 15초 정도 데친 후 접시에 건져서 남은 열로 익힌다. 이렇게 하면 소송채의 향과 맛을 놓치지 않을 수 있다.

간장 없이도 충분히 맛있게 먹을 수 있지만, 약간 부족하다고 느껴진다면 간장을 스프레이 용기에 담아 사용하는 것을 추천한다. 간장을 스프레이로 한 번 뿌리면 소금 약 0.0015그램에 해당하는 염분을 더하게 된다. 이 정도로도 표면에 골고루 짠맛이 배고 간장의 향이 퍼져서 먹을 때 만족감이 커진다.

조미료 용기를 다시 살펴보자

우리는 한 실험을 했다. 두 그룹의 사람들에게 각각 같은 소금이 담겨 있지만 나오는 구멍의 크기는 다른 용기를 주고 사용하게 한 것이다. 물론 피실험자에게는 그 사실을 알리지 않은 채 원하는 만큼 소금을 뿌려서 달걀을 먹도록 했다. 그러자 구멍이 작은 용기를 받은 그룹은 용기 구멍이 큰 그룹에 비해 소금 사용량이 3분의 1에 그쳤다.

구멍이 작아서 뿌려도 잘 나오지 않으니 당연한 결과라고 생각할 수 있다. 하지만 재미있는 이야기는 지금부터다. 같은 실험자에게 구멍이 큰 용기와 작은 용기를 주고 달걀 먹기를 체험하게 했더니, 작은 용기를 사용해서 뿌린 소금의 양이 줄었는데도 맛의 변화를 전혀 눈치채지 못한 것이다. 이는 작은 구멍의 용기를 여러 번 뿌리는 행위로 인해 심리적 만족을 느꼈기 때문으로 추측된다.

그래서 권하고 싶은 방법이 '사용 중인 용기를 살펴보는 것'이다. 구멍이 작은 용기로 바꾸는 것이 이상적이지만, 지금 사용하고 있는 용기 구멍의 반을 테이프로 막기만 해도 효과가 있다.

간장도 마찬가지다. 요즘에는 누르는 만큼 나오는 버튼식 용기나 얇게 분사되는 스프레이 용기가 있다. 각각을 사용하면 기존 용기 사용 시와 비교했을 때 버튼식 용기는 3분의 2, 스프레이 용기는 2분의 1로 염분 섭취량이 감소했다는 연구 결과가 있다.

간장용으로 팔고 있는 스프레이 용기를 다르게 활용해서 짠맛을 내는 방법도 있다. 바로 '소금물 스프레이'인데, 만드는 방법은 간단하다. 물 100밀리리터에 소금 30그램을 녹여 소금물을 만들기만 하면 된다. 이것을 스프레이 용기에 넣어 사용하면 적은 소금을 사용해 효과적으로 간을 할 수 있다. 요리 과정의 마지막에 사용할 뿐 아니라 생선의 밑간에도 사용하는 것을 추천한다.

시각과 후각을 활용해서 염분을 적게 먹기

향을 살려서 염분 섭취를 줄이는 방법도 있다. 한 실험에서 따뜻한 메밀국수와 찬 메밀국수를 준비했다. 따뜻한 메밀국수는 찬 메밀국수보다 30퍼센트 정도 염분을 줄여 요리했다. 이 두 음식을 먹고 피실험자에게 맛을 비교하게 하자 두 요리의 염분량이 비슷하다고 느끼는 사람이 많다는 결과가 나왔다. 이런 결과가 나온 것은 따뜻한 음식에서 올라오는 김과 함께 음식의 향이 잘 퍼졌기 때문이다. 맛은 혀의 미뢰로 느껴질 뿐만 아니라 향과 섞여 구성된다. 간이 약간 심심하다면 향을 더하는 방법으로 풍성한 맛을 느낄 수 있다.

된장국은 뚜껑을 덮어놓는 것이 가장 좋다. 먹을 때 뚜껑을 열면 향이 확 퍼지는데, 이때 나는 향 덕분에 염분량을 줄이고도 만족감을 느낄 수 있다.

사토 다쿠미

(NHK 과학·환경 프로그램 프로듀서)

3장

지방이 뇌 기능을
향상시키는 게 사실일까?

현대인의 생명을 지켜주는 오메가3와 오메가6의 비밀

육류와 생선의 지방에 식용유까지……. 흔히 지방이라고 하면 지금까지 건강에 좋지 않다고 여겼다. 그러나 최근 들어 몸에 좋은 지방이 크게 주목받고 있다. 같은 지방인데 도대체 뭐가 다른 것일까? 인류 진화의 역사를 거슬러 가보니, 분명히 우리가 갖고 있어야만 살아갈 수 있는 '생명의 지방'이 존재한다는 사실이 밝혀졌다. 그러나 어느 시점부터 인류와 지방의 관계가 급속하게 나빠져 동맥경화 등의 위험이 생긴 것이다. 우리는 몸에 좋은 지방을 어떻게 섭취할 수 있을까?

섭취 열량의 70 퍼센트를
지방으로 섭취해도 괜찮은 사람?

안 먹으면 안 되는 중요한 지방, 오메가3와 오메가6

기름진 고기와 생선에 식용유까지, 세상에는 많은 '지방' 이 있다. 식용유의 종류만 해도 옥수수유, 올리브유, 아마씨 유, 포도씨유, 코코넛오일, 참기름 등 다양하다. 우리의 식생 활에서 지방은 빼놓을 수 없는 것이다.

기름은 음식의 풍미를 좋게 할 뿐 아니라 식감을 부드럽 게 하고 타액의 분비를 촉진하여 수분감을 더하는 역할을 해서 다양한 요리에 사용된다.

판매할 때는 원재료 등에 따라 분류하지만 사실 모든 기 름은 지방산 성분의 조합으로 되어 있다. 성분은 크게 포화지방산(상온에서 주로 고체 형태의 지방)과 불포화지방산(상온에서 주로 액체 형태의 지방)으로 분류할 수 있다. 불포화지방산은 그 분자구조에 따라 오메가3, 오메가5, 오메가6, 오메가7, 오메가9 등 다양한 지방산으로 나뉘고, 각각 몸에 미치는 영향도 다르다.

포화지방산은 주로 에너지원이 된다. 돼지고기나 소고기의 기름, 버터 등에 다량 함유되어 있으며 지나치게 섭취하면 비만이나 생활습관병의 원인이 되기도 한다.

지방산

불포화지방산
(상온에서 주로 액체 형태)

포화지방산
(상온에서 주로 고체 형태)

불포화지방산은 모두 몸에 필요한 것인데 오메가5, 오메가7, 오메가9이 체내에서 합성될 수 있는 반면, **오메가3와 오메가6는 체내에서 만들어낼 수 없으므로 반드시 음식으로 섭취해야 한다.** 그래서 이 2가지는 '필수 지방산'이라고 불린다.

이누이트의 식사에는 오메가3가 듬뿍

맛있는 음식에 꼭 따라붙는 기름은 과다하게 섭취하면 비만이나 생활습관병의 원인이 된다고 흔히들 생각한다. 그러나 하루 섭취 열량의 70퍼센트를 지방으로 섭취하는데도 건강하기만 한 놀라운 사람들이 있다.

주목해야 할 것은 몸에 좋은 지방으로 알려진 오메가3 지방산이다. 이것은 무려 6억 년 전부터 인류와 깊은 관계가 있다는 사실이 밝혀졌다.

북극에는 몸에 좋은 지방을 먹으며 생활하는 사람들이 있다. 겨울에는 섭씨 영하 50도를 밑도는 가혹한 환경에서 먼 옛날부터 수렵 생활을 계속해온 선주민족 이누이트다.

그들은 도대체 무엇을 먹을까? 우리 취재팀은 그들의 사냥에 동행하는 것을 특별히 허락받았다. 얼어붙은 바다를 스노모빌을 타고 3시간 이동했다. 사냥꾼 조니 씨가 바다표범의 숨구멍을 발견했다. 그곳에서 다시 이동하기를 1시간, 드디어 고리무늬물범(식육목 바다표범과 포유류) 포획에 성공했다. 그들이 즐겨 먹는 것은 바다표범 고기인 것이다.

가죽을 벗기자 분홍빛 피하지방이 드러났다. 바다표범의 전신을 감싸는 이 대량의 지방이 이누이트 사람들에게는 진미로 통한다. 조니 씨는 이렇게 이야기했다.

"바다표범은 조상 대대로 우리 이누이트에게 귀한 음식 재료예요. 옛날부터 기름진 바다표범 고기를 냄비에 넣고 푹 삶아서 수프를 만들어 가족 모두 나눠 먹고 몸을 덥혔지요. 그래서 추운 환경에서도 살아남을 수 있었던 겁니다."

바다표범 고기만이 아니다. 고래나 흰고래, 백곰 등의 고기에도 지방이 많다. 생선도 무척 좋아해서 기름이 오른 북극 곤들매기(연어와 송어의 사촌 격 생선)를 말려서 즐겨 먹는다. 이누이트 사람들은 말린 순록 고기를 녹인 고래기름에 찍어 먹기도 한다. 그들의 전통적인 식생활에는 무엇이든 지방이 많아서 하루 섭취 열량의 약 70퍼센트를 지방으로 섭취한다

고래의 피하지방을 자르고 있는 이누이트 여성.

고 한다.

보통 그렇게 많은 지방을 먹으면 혈액은 끈적해지고 심장병이나 동맥경화가 일어날 것이다. 그러나 이누이트 사람들은 무척 건강하다. 도대체 그 이유는 무엇일까?

그 수수께끼를 풀어 세상을 놀라게 한 사람은 코펜하겐 대학의 생리학자 요른 다이어버그 박사다. 이누이트가 먹는 지방 성분을 철저하게 조사하여 그들이 건강한 이유가 오메가3 지방산이라고 하는 지방 성분에 있다는 것을 밝혀냈다.

"이누이트의 식사를 분석하고는 놀랐습니다. 하루에 무

려 약 14그램, 일본인의 10배 가까이 되는 오메가3 지방산을 섭취하고 있다는 사실을 처음 알았기 때문이지요."

그들의 소울푸드 가운데 하나인 바다표범 수프를 시식해 보았다. 맛을 보니 마치 가다랑어로 국물을 낸 켄친지루(무, 당근, 우엉, 토란 등을 넣고 볶다가 국물을 넣고 끓인 국이다-옮긴이)와 비슷했다. 백곰 고기도 맛보았는데 식감은 소갈비와 똑같았고 향은 방어조림과 비슷했다. 뭔가 익숙한 듯 이색적인 맛이었다.

이누이트가 바다표범이나 고래, 백곰 등의 고기를 먹으며 매일 듬뿍 섭취하고 있는 오메가3 지방산의 주성분은 방어 같은 생선에 다량 함유된 EPA, DHA이다. EPA, DHA를 한 번쯤 들어본 적이 있는 사람도 많을 것이다.

오메가3를 풍부하게 섭취하면 혈액순환이 잘 된다

이누이트의 식사에 많이 함유되어 있는 것으로 알려진 오메가3 지방산 성분에 놀라운 효능이 있다는 사실이 최근 연구로 밝혀지고 있다.

우리 몸의 세포는 모두 지방막으로 덮여 있다. 오메가3 지방산은 그 세포막의 재료로 쓰이는 특별한 지방 가운데 하나다.

여기서 중요한 점은 오메가3 지방산이 구부러진 형태라는 것이다. 세포막을 확대해서 보면 막대 모양의 물질이 딱 붙어서 튼튼한 막을 형성하고 있다. 여기에 구부러진 모양의 오메가3 지방산이 들어오면 세포막을 구성하는 물질끼리 닿는 면적이 적어 마찰이 줄기 때문에 움직이기 쉬워지고 세포막이 유연하게 변형되기도 쉬워진다.

포화지방산의 형태는 직선의 막대 모양이기 때문에 이것이 세포막 위에 빈틈없이 붙으면 옆의 분자와 닿는 면적이 넓어진다. 그러면 마찰이 커지고 분자끼리 밀착해서 움직이기

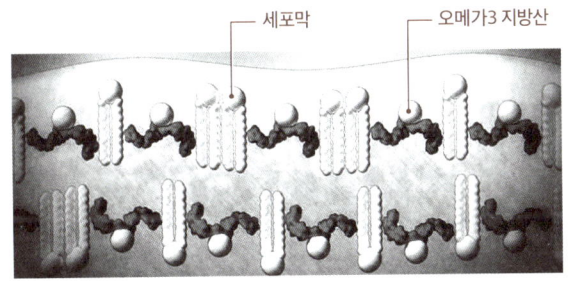

세포막 표면을 확대한 그림

세포막

오메가3 지방산

어려운 상태가 된다. 그래서 포화지방산이 많으면 세포막이 단단하게 뭉친다.

우리 건강에 있어서 세포막의 유연성은 무척 중요하다. 예를 들어 혈액을 온몸에 전달할 혈관세포에 오메가3 지방산이 많이 함유되어 있으면 혈관이 부드럽게 늘어났다 줄어들며 혈류가 좋아진다. 혈관 속을 흐르는 적혈구도 보통은 원반 형태를 하고 있지만, 좁은 혈관을 통과할 때는 오메가3 지방산 덕분에 부드럽게 구부러질 수 있다. 결과적으로 혈행이 원활해진다.

이처럼 **오메가3 지방산을 많이 섭취하면 온몸의 세포가 부드러워지고, 혈액순환이 건강하게 유지된다.** 그래서 동맥경화나 심장병 등에 걸릴 가능성이 줄어든다.

새로운 생명의 근원인 정자의 세포막에도 오메가3 지방산이 다량 함유되어 있다. 이것이 부족하면 막이 단단해져서 형태가 무너지고 정상적으로 수정이 이루어지지 않는다.

더욱 주목할 만한 부분은 우리의 뇌다. 뇌의 단면을 보면 지성 등 고도의 뇌 기능과 관련된 부분에 오메가3 지방산이 밀집되어 있다. **오메가3는 뇌의 신경세포를 구성하는 재료로도 쓰이는 것이다.** 신경세포끼리 유연하게 변형하며 정보

를 주고받아서 고도의 정보 네트워크를 만들어낸다고 볼 수
있다.

우리의 몸이나 뇌를 세포 단위부터 건강하게 만드는 '생
명의 지방'이 바로 오메가3 지방산이다.

오메가3를 꾸준히 섭취하고
지성과 문화를 얻다

인류를 번영의 길로 이끈 오메가3 지방산의 역사

오메가3 지방산이 인류의 진화와 끊으려야 끊을 수 없는 관계라는 사실이 최신 연구로 밝혀졌다. 무려 6억 년 전에 일어난 사건을 계기로 우리는 오메가3 지방산을 먹어야만 살아갈 수 있는 몸이 되었다는 것이다.

6억 년 전, 지구의 생명체는 아직 바닷속에서 살고 있었다. 해저에서 자라는 해초 등은 체내에 특별한 유전자를 갖고 있어서 자신의 몸에 필요한 오메가3 지방산을 스스로 만드는 일이 가능했다. 이때 아직 원시 생물이었던 우리 조상도 같은 유전자를 갖고 있어 오메가3 지방산을 자신의 체내에서 필요한 만큼 생산할 수 있었을 것으로 짐작된다.

그러나 우리의 조상이 오메가3 지방산을 포함한 해초 등을 먹기 시작하자, 자신의 유전자로 만들어내는 것 외에도 섭취한 음식에 포함된 오메가3 지방산이 체내에 흡수되었다. 그러던 어느 날 예상치 못한 사건이 일어났다. 섭취한 음식으로 오메가3 지방산을 얻게 되었으니 스스로 만들 필요는 없다는 생각이라도 한 듯, 오메가3 지방산을 생산하는 유전자가 사라져버린 것이다! 귀중한 유전자를 잃어버린 우리 조상은 그 후 어떻게 되었을까?

시간이 흐르고 흘러 약 5억 년 전, 바닷속에는 다양한 모습의 원시 동물이 출현하기 시작했고, 강한 동물이 약한 동물을 잡아먹는 약육강식의 시대가 열렸다. 이미 오메가3 지방산을 만들어내는 유전자를 잃은 동물들은 오메가3 지방산이 함유된 음식을 먹어서 보충해야만 몸을 유지할 수 있게 되었다. 여기서 시작된 것이 오메가3 지방산 쟁탈전이다.

작고 약한 동물은 해초 등을 먹어서 거기에 함유된 오메가3 지방산을 얻었다. 그 동물을 더 큰 동물이 먹어서 오메가3 지방산을 얻었다. 이런 식으로 먹이사슬의 가장 위에 있는 강한 동물이 더 많은 오메가3 지방산을 먹이로부터 얻어 한층 더 강해진 것이다.

현대의 바닷속에서도 다랑어처럼 큰 물고기가 다른 작은 물고기를 많이 잡아먹어서 몸에 많은 오메가3 지방산을 저장한다. 그런데 이것을 잡아서 먹는 것이 바로 우리 인간이다. 우리는 지금도 어느 생물보다 탐욕스럽게 오메가3 지방산을 먹고 건강을 유지하는 생물이다.

오메가3가 인류를 멸종의 위기에서 구했다

이렇게 인류는 오메가3를 계속해서 음식으로 섭취해야만 살아갈 수 있게 되었다. 진화의 역사를 거슬러 가보니, 어느 시점에 '생명의 지방'이 인류에게 생각지 못한 비약의 기회를 선사했을 가능성이 보이기 시작했다.

이를 보여주는 증거가 발견된 곳은 인류 탄생의 땅인 아프리카 대륙 최남단에 있는 바위투성이의 곳, 피너클 포인트다. 해안 절벽의 동굴에서 약 16만 년 전부터 인류가 집단으로 생활한 흔적이 발견되었다. 그 인류의 운명을 가른 대사건이 일어났다는 사실이 최신 연구 조사로 밝혀진 것이다.

아프리카 대륙 최남단에 있는 바위투성이의 곳, 피너클 포인트.

그 사건은 약 7만 4,000년 전에 일어난 거대 분화다. 피너클 포인트에서 발견된 화산재를 자세히 분석하자, 남아프리카에서 무려 9,000킬로미터나 떨어진 인도네시아 토바 화산으로부터 날아온 분출물이라는 것이 밝혀졌다. 상상 이상으로 거대한 규모의 분화다.

막대한 양의 분출물이 지구 대기 중에 방출되어 오랜 기간 햇빛을 가렸다. 그 결과 지구의 평균기온은 12도나 낮아지고 화산성 겨울이라고 불리는 급격한 한랭화가 일어난 것으로 추정된다. 이 영향을 받아 많은 동식물이 죽음에 직면했다. 아프리카에 퍼져 살던 인류도 식량난으로 인해 멸종

위기에 처했던 것으로 알려졌다. 그런 위기 속에서 남아프리카 해변에서 생활하던 인류는 예상치 못한 커다란 비약의 기회를 얻었다.

애리조나 주립대학 인류진화연구소의 커티스 마린 박사가 보여준 것은 인류가 먹었던 대량의 음식 흔적이다.

"이 해변에 살던 인류가 토바 화산의 거대 분화 뒤에도 계속해서 풍요롭게 생활했음을 보여주는 증거를 발견했습니다."

화산재를 포함한 지층 위, 즉 분화 후 덮쳐온 화산성 겨울로 인한 식량난 시대의 지층에서 인류가 먹었던 것으로 미루어 짐작할 수 있는 잔해가 대량 발견된 것이다. 그 예로 먹고 난 바다거북의 뼈, 그리고 고래 몸에만 붙어사는 따개비 등을 들 수 있다. 이는 고래 고기를 먹은 증거로 볼 수 있다.

그중에서도 인류가 많이 먹었다고 추측할 수 있는 것은 조개다. 그들이 생활하던 동굴 근처의 해변에는 지금도 바위 더미에 대량의 홍합이 붙어 있다. 거대 분화의 분출물을 피해서 온 바다 생물들, 즉 해산물을 먹고 인류는 목숨을 이어온 것이다. 이런 해산물에 많이 함유된 것이 오메가3 지방산이다.

"우연히 얻은 음식에 인간이 살아가기 위해 꼭 필요한 오메가3 지방산 등이 풍부하게 함유되어 있었던 거지요. 그런 행운이 있었기에 바닷가에 살던 인류는 계속해서 자손을 번식하며 번영할 수 있었던 것으로 보입니다."

오메가3는 지성의 원천

인류가 해산물을 많이 먹고 오메가3 지방산을 계속해서 충분히 섭취한 결과, 이 '생명의 지방'이 인류에게 생각지 못한 선물을 가져다준 가능성도 보이기 시작했다. 발굴 조사에서 화산성 겨울을 극복한 인류에게 고도의 지성과 문화가 급속히 퍼지기 시작한 사실이 밝혀진 것이다.

작은 조개껍데기에 솜씨 좋게 구멍을 뚫고 줄을 통과한 뒤 목걸이 등으로 사용한 물건이 발견되었다. 화장에 사용된 것으로 짐작되는 빨간 돌을 가루로 빻은 안료도 발견되었다. 이것은 다른 지역에서는 볼 수 없는 고도의 문화가 해안가의 인류에게 나타나기 시작한 증거라고 할 수 있다.

이렇게 지성의 발달을 크게 촉진한 원인으로 짐작되는 것

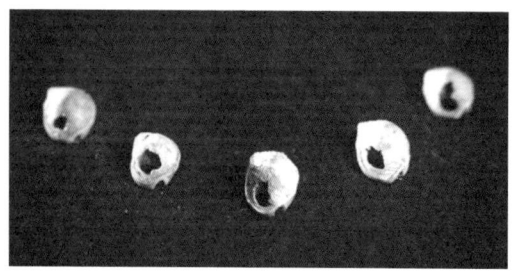

목걸이에 사용된 것으로 보이는 구멍 뚫린 작은 조개껍데기(남아프리카 박물관 소장품).

이 해산물을 먹는 식습관을 통해 대량으로 섭취하게 된 오메가3 지방산이다.

오메가3 지방산은 우리 뇌의 신경세포를 부드럽게 하는 재료다. 대량의 오메가3를 섭취한 인류의 뇌는 신경세포가 유연하게 연결되어 고도의 네트워크가 급속하게 발달한 것으로 짐작된다. 이것이 높은 지성과 문화를 낳은 원동력이 되었을 가능성이 크다. 그리고 동시에 오메가3 지방산의 건강 효과에 의해 신생아의 사망률이 낮아지고 평균수명도 늘어났다. 이에 따라 인구가 증가해서 사회적 관계가 복잡해진 것도 지성이 발달하는 데 영향을 미쳤다고 볼 수 있다.

'생명의 지방'으로 지성의 대약진을 이룬 해안의 인류는 결국 이 땅을 떠나 아프리카 밖의 더 넓은 세상으로 진출했다. 현대의 우리가 그 자손이라고 마린 박사는 생각한다.

우리의 뇌는 태내에 있을 때부터 뇌를 구성하는 재료인 대량의 오메가3 지방산이 필요하다. 태어나서 먹는 모유에도 모체에 축적된 오메가3 지방산이 많이 녹아들어 있다는 사실이 밝혀졌다. 이렇게 인간은 부모에게서 오메가3 지방산을 이어받으며 생명과 지성을 키워온 것이다.

오메가6와 오메가3의
섭취 비율이 중요!

오메가6는 병에 대한 저항력을 높이지만, 과다 섭취하면?

오메가6 지방산은 튀김 등에 자주 사용되는 식용유 외에
도 닭고기, 돼지고기, 소고기 등 자주 먹는 육류의 지방 부
분에 많이 함유되어 있어 무척 접하기 쉬운 지방이다. 또 하
나의 필수 지방산인 이 오메가6 지방산은 우리 몸에 어떤 영
향을 끼칠까?

오메가6 지방산도 오메가3 지방산처럼 우리 몸의 세포를
덮는 세포막의 재료로 사용되는 소중한 지방이다. 그뿐만 아
니라 우리 몸속에서 무척 중요한 기능을 하고 있다는 사실이
밝혀졌다. 바로 바이러스나 병원균 등으로부터 몸을 보호하

는 역할이다. **병원균이 혈액 속으로 침투하면 오메가6 지방산이 백혈구에 공격 명령을 내려 병원균에 저항하는 체계가 갖춰진다.**

그런데 오메가6 지방산이 몸속에서 너무 늘어나면 큰 문제가 생기기도 한다. 쥐를 사용한 실험에서 체내에 오메가6 지방산을 한꺼번에 늘리자, 혈관 속에 백혈구가 계속해서 모였다. 오메가6 지방산의 양이 적당한 정도라면 이로 인해 혈액 속으로 침입해온 병원균을 공격하고 질병에 대한 저항력을 높여준다. 그러나 오메가6 지방산이 과다하게 늘어나면 백혈구에 내리는 공격 명령도 지나치게 많아져서 결국 적이 아닌 자기 몸의 세포까지 백혈구가 공격하는 일이 발생한다.

오메가6의 폭주를 막는 오메가3

과다한 오메가6 지방산에 의한 백혈구의 폭주 상태를 억제하는 데는 오메가3 지방산이 도움이 된다. 오메가3 지방산은 오메가6 지방산의 과잉 공격 명령에 제동을 걸어 백혈구의 폭주를 막는 역할을 한다. **엑셀을 밟는 오메가6와 브**

레이크를 거는 오메가3, 이 두 지방산의 비율을 잘 유지하는 것이 우리 건강에 무척 중요한 일이다.

만약 체내에서 오메가3와 오메가6의 균형이 무너져버리면 우리의 목숨에도 영향을 미친다는 사실이 주목받고 있다. 후쿠오카현 히사야마초에서 40세 이상의 마을 주민 3,000명을 대상으로 혈액 속 오메가3와 오메가6의 비율을 자세히 조사한 결과, 심장병 등으로 인한 사망률과 놀라운 연관성이 있음이 판명되었다.

오메가3와 오메가6의 비율이 1:1에서 1:2인 범위에서는 심장병으로 인한 사망 위험도가 낮았다. 그러나 1:2의 비율을 넘어 오메가6가 더 많아지면 사망 위험도가 급속히 높아진다는 결과가 나타났다. 즉 하나의 오메가3가 억제할 수 있는 오메가6는 많아도 2개까지인 것이다. 그 이상 오메가6가 늘어나면 백혈구가 폭주하는 사태가 일어나 차츰 몸이 상할 우려가 있다.

여기서 문제는 일반적으로 우리가 평소 먹는 기름에 오메가6 지방산이 다량 함유되어 있다는 현실이다. 이대로라면 몸속 오메가6의 과잉이 장기간 계속되어 동맥경화로 진행될 위험이 커질 것으로 추정된다.

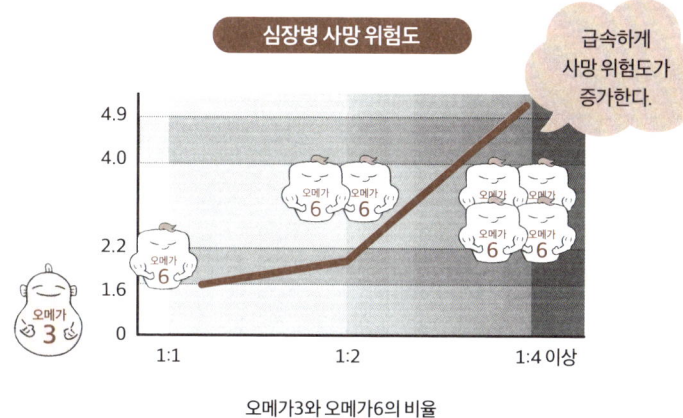

심장병 사망 위험도

급속하게
사망 위험도가
증가한다.

오메가3와 오메가6의 비율

　오늘날 일본에서는 4명 중 1명이 동맥경화가 원인인 심근경색이나 뇌경색 등으로 목숨을 잃고 있다. 그 이면에는 오메가3와 오메가6의 균형 붕괴라는 커다란 문제가 숨어 있다고 볼 수 있다. 최근 조사에 따르면 특히 서구형 식사를 많이 하는 10~20대에서 식사로 섭취하는 오메가3와 오메가6의 비율이 약 1:10까지 치솟고 있다는 사실이 드러났다.

　오메가6 지방산은 인체에 빼놓을 수 없는 지방 성분이지만 현재는 과다 섭취가 문제라고, 미야기대학에서 음식과 인류의 진화를 연구 중인 이시카와 신이치 교수도 주의를 촉구하고 있다.

"오메가6 지방산은 체내에서 중요한 기능을 하지만, 현 상황에서는 너무 많이 섭취하고 있는 것이 문제입니다. 될 수 있는 한 오메가6 지방산이 많이 들어 있는 튀김이나 볶은 요리의 섭취를 줄이는 게 좋겠지만, 그렇게 요리한 음식은 맛있어서 좀처럼 줄이기 어렵지요."

이시카와 교수의 연구에 따르면 오메가6 지방산에서 생기는 아난다마이드라는 물질은 뇌에 작용해서 더 먹고 싶은 욕구를 높인다는 사실이 드러났다. 뇌의 명령에 저항하지 않으면 안 된다니, 우리는 왜 이런 고약한 운명 아래 태어난 것일까?

우리는 왜 지방의 균형이 무너진
식생활을 하게 됐을까?

소고기의 지방 성분은 소의 먹이에 따라 크게 달라진다

그렇다면 언제, 무슨 이유로 우리는 오메가6를 과다 섭취해서 지방의 균형이 무너진 식생활을 하게 된 것일까? 예상 외의 먹거리에 함유된 지방질이 '지방의 균형'을 변화시킨 요인이라는 사실이 밝혀지고 있다.

기름이 오른 두 종류의 소고기를 예로 들어보자. 눈으로는 별 차이가 없어 보이지만, 지방 부분을 먹어서 비교해보면 한쪽은 입안이 느끼해지는 것에 비해, 다른 한쪽은 식감이 담백하다는 것을 알 수 있다. 이 차이는 소의 먹이에서 비롯된다고 한다.

느끼한 맛의 고기는 옥수수 등 곡물을 주원료로 하는 배합사료를 먹여 키운 소이고, 담백한 맛의 고기는 소의 원래 먹이인 목초를 주로 먹여 키운 소다.

두 소의 지방을 조사해보면 식감뿐 아니라 함유된 오메가3와 오메가6의 비율이 다르다는 것도 알 수 있다. 곡물이 주원료인 배합사료를 먹여 키운 소의 지방은 오메가3와 오메가6의 비율이 약 1:8~1:10 정도다. 오메가6의 비율이 무척 높다. 이것은 사료의 주원료로 사용되는 곡물을 비롯한 식물의 종자에 오메가6가 다량 함유되어 있기 때문이다.

한편 목초를 먹여 키운 소의 지방은 오메가3와 오메가6

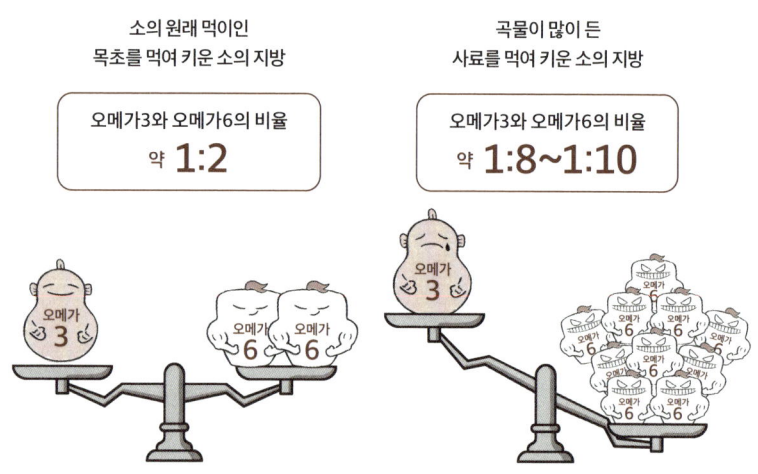

소의 원래 먹이인
목초를 먹여 키운 소의 지방

오메가3와 오메가6의 비율
약 **1:2**

곡물이 많이 든
사료를 먹여 키운 소의 지방

오메가3와 오메가6의 비율
약 **1:8~1:10**

의 비율이 약 1:2로 이상적인 균형 상태였다. 그 이유는 무엇일까?

사실 많은 동물은 본래의 자연적인 먹이를 먹으면 오메가3와 오메가6의 체내 비율이 약 1:1~1:2로, 이상적 균형을 이룬다는 사실이 알려졌다. 그중에는 오메가3의 비율이 더 높은 동물도 있다. 이유를 알 수 있는 메커니즘은 아직 밝혀지지 않았지만, 어쩌면 그것은 '자연의 섭리'라고도 할 수 있겠다.

먼 옛날 야생동물을 사냥해서 먹었던 때의 인류도 이 자연의 섭리 안에서 몸속 지방의 균형을 이상적인 비율로 유지하고 있었던 것으로 보인다. 그러나 인류는 어느 시점부터 자연의 섭리에서 크게 벗어난 식생활을 하기 시작한 것이다.

고대 왕족 미라가 우리에게 가르쳐주는 것

인류와 지방의 관계가 크게 변화하고 있었다는 사실을 알려준 것은 약 3,500년 전 고대 이집트 시대의 왕족 미라였다. 50구 정도의 미라 체내를 CT 스캔(컴퓨터 단층 촬영)으로 자세히 살펴본 결과, 약 절반의 미라에서 현대병이라고 알려진 동맥경화가 다수 발견되었다. 연구를 이끈 심장전문의 그레고리 토머스 박사도 놀라움을 감추지 못했다.

"깜짝 놀랐습니다. 그들이 먹었던 지방에 오메가6 지방산이 너무 많았던 게 원인이었어요."

그렇다면 당시 인류는 어떻게 지방을 섭취했던 것일까?

기록에 따르면 고대 이집트의 왕족은 미식을 추구했다. 좋아하는 음식은 기름기가 많은 양고기 혹은 일부러 살찌운 거위의 간이었다. 오늘날 말하는 푸아그라 등을 먹었다고 전해진다.

문제는 그 동물이 먹는 먹이에 있었다. 원래는 풀을 먹는 양이나 거위에게 오메가6가 다량 함유된 보리 등의 곡물을 먹여 키운 것이다. 그 결과 가축의 체내에 오메가6가 과다하게 축적되었으리라고 토머스 박사는 추측했다.

게다가 같은 시기에 오메가6가 많은 참깨 등 식물의 씨앗을 짜서 인공적으로 식용유를 만들기 시작했다. 그것을 많이 먹은 왕족들의 체내에 오메가6가 과다해져서 심각한 동맥경화가 일어난 것으로 볼 수 있다.

흥미롭게도 어류 혹은 기니피그 같은 초식의 야생 쥐 등을 먹었던 페루 왕족 미라에게서는 이집트 왕족 미라에게서 보인 동맥경화가 그다지 발견되지 않았다. **이것이 바로 지방의 종류가 수명을 단축하는 증거라고 볼 수 있다.**

오메가3와 오메가6의
이상적인 비율 1:2 지키는 법

오메가3의 섭취량을 늘리자

어떻게 하면 오메가3와 오메가6의 비율을 1:2에 가깝게 할 수 있을까? 미야기대학의 이시카와 교수는 오늘날의 식생활에서는 오메가6를 줄이기가 어려우니 오메가3를 늘리는 방법이 좋다고 말한다. 되도록 정어리, 꽁치, 고등어 같은 등푸른생선을 먹는 것이 좋다.

그렇다고 해도 오메가3가 풍부한 생선을 매일 먹기는 어렵다는 사람도 많을 것이다. 그런 사람들에게 좋은 제품이 계속해서 출시되고 있다. 최근 슈퍼마켓의 식용유 코너가 크게 바뀌고 있다. 눈높이에 가까운 좋은 자리를 차지하고 있는 것은 아마씨유, 차조기유, 들기름 등 오메가3가 풍부한 식용유다. 그중에는 종종 남미 페루산 사차인치 오일도 보인다. 10년 전에는 식용유라고 하면 콩기름이나 참기름, 올리브유 정도였지만 트렌드는 이미 변화하고 있다.

이런 변화는 시장 규모의 확대 경향으로도 확인할 수 있다. 약 15년 전 오메가3가 풍부한 아마씨유를 가장 빨리 제품화한 일본 기업 담당자에 따르면, 아마씨유 등 오메가3 함유 식용유의 시장 확대는 2013년 무렵에 시작되었다고 한다. 이때의 시장 규모는 약 13억 엔이었다. 그랬던 것이 2018년에는 무려 103억 엔 규모로 약 8배 성장했다. 2019년에는 상반기 기준으로 2018년과 비교했을 때 142퍼센트 확대된 것을 보면 시장이 폭발적으로 커지고 있는 것은 분명하다.

덧붙여 앞서 언급한 기업이 실시한 조사에 따르면, 아마씨유 등을 구입하는 소비자가 제품에 가장 기대하는 것은 건강 유지라고 한다. 자세한 메커니즘까지는 잘 모르더라도 오메가3가 건강에 좋다는 이미지가 특히 여성을 중심으로 정착해가고 있는 듯하다.

트렌드의 내막을 취재하자 흥미로운 사실이 보이기 시작

했다. 아마씨유나 들기름 등 이른바 샐러드용 기름뿐 아니라 평소 사용하는 기존 제품에 변화를 준 상품의 판매량도 증가하고 있었다. 예를 들어 기존 마요네즈 제품에는 콩기름 등 오메가6가 많은 기름이 쓰였지만, 최근에는 오메가3가 풍부한 아마씨유나 들기름을 배합한 제품이 등장했다. 가격은 기존 마요네즈보다 1.5배 정도 비싸지만, 판매량은 호조세가 이어지고 있다. 그 밖에 드레싱이나 튀김용 기름 등에도 아마씨유나 들기름을 배합한 제품이 인기를 끌고 있다.

최근에는 대기업 편의점 프랜차이즈 중에 오메가3가 풍부한 기름을 매장 내 조리에 사용하는 곳도 나오고 있다. 오메가3는 가열하면 산화되어 성질이 변하거나 특유의 냄새가 나서 식품 본래의 풍미를 훼손하는 결점이 있지만, 해당 편의점 프랜차이즈에서는 산화를 억제하는 독자적인 제조 공법을 개발해서 매장 내 조리에 사용한다고 한다.

오메가3를 가장 효율적으로 섭취하는 방법

오메가3가 풍부하게 함유된 음식 재료를 다시 살펴보자.

식품성분표를 살펴보면 다랑어 뱃살과 정어리, 꽁치, 고등어 등은 그램당 함유량이 많다. 다른 것으로는 아귀 간이나 연어알, 캐비어 같은 생선알도 눈여겨볼 만하다.

그러나 이것을 하나하나 기억하기란 힘들다. 사실 어패류의 기름진 부위라면 오메가3가 모두 풍부하게 함유되어 있다. 가격 대비 효능이 높은 것은 정어리, 꽁치, 고등어의 통조림이나 미소된장조림 통조림이다. 아자부대학의 모리구치 도오루 교수에게 분석을 부탁한 결과, 시중에 판매 중인 제품에서는 모두 100그램당 2,000밀리그램 이상의 오메가3가 검출되었다. 후생노동성이 하루 섭취 목표량으로 내세운 1,000밀리그램의 2배를 통조림 하나로 쉽게 섭취할 수 있는 것이다.

고등어 통조림은 그대로 먹어도 맛있지만, 파스타나 감바스 알 아히요 등에 활용할 수도 있다. 뼈까지 푹 삶아져 있어서 조리 시간도 줄어들어 쓰기 편한 음식 재료다.

오메가3는 단백질과 함께 섭취하면 쓸개즙이 분비되어 보다 효율적으로 흡수된다고 한다. 즉 어패류로 섭취하는 것이 건강보조식품을 먹는 것보다 흡수율이 높고, 밤보다 아침에 먹는 편이 더 효율적으로 흡수된다. 그리고 열에 무척

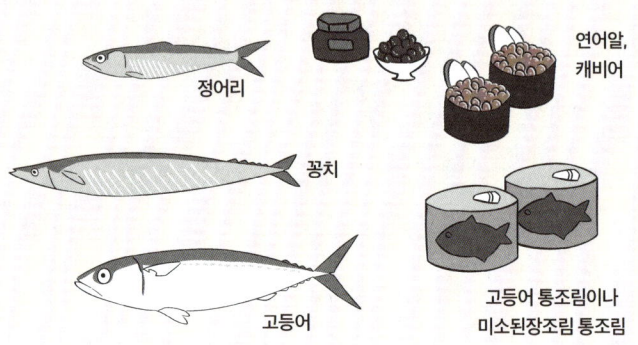

오메가3가 풍부하게 함유된 음식 재료

정어리

연어알, 캐비어

꽁치

고등어

고등어 통조림이나
미소된장조림 통조림

약한 성질이 있어서 생선구이나 튀김보다 회로 먹는 것이 권장된다.

그러나 오메가3가 아무리 풍부해도, 생선알 등을 과다하게 먹으면 염분이나 푸린을 과잉 섭취하게 된다. 무엇이든 정도껏 먹는 게 좋다.

조금 생각해볼 필요가 있는 것이 아마씨유나 들기름 같은 식용유다. 오메가3가 함유된 것은 사실이지만, 이런 식물성 기름에는 어패류에 많은 EPA나 DHA가 아니라 알파리놀렌산이라는 성분이 많이 들어 있다. 이 알파리놀렌산은 우리 체내에서 EPA나 DHA로 전환되지 않으면 양질의 세포막 재료로 쓰일 수 없다. 그러나 그 전환 효율은 기껏해야 5~10퍼센트 정도에 그친다. 그리고 유아는 이 전환 능력이 성인에 비해 낮다는 보고도 있다. 되도록 어패류를 먹는 것이 오메가3를 효율적으로 섭취하는 방법이라고 할 수 있다.

그렇지만 생선을 싫어하는 사람은 액상형 오메가3를 매일 1큰술 먹거나 건강보조식품 등으로 섭취하는 방법도 괜찮다. 그대로 먹는 것이 부담스러운 사람은 된장국이나 커피에 첨가해보자.

실제로 생선을 못 먹는 프로그램 담당 PD가 한 달 동안 아마씨유와 들기름을 적극적으로 섭취한 뒤 혈액검사 수치가 어떻게 변하는지 실험해보았다. 그 결과, 커다란 변화를 확인할 수 있었다. 오메가3와 오메가6의 이상적인 비율인 1:2에는 미치지 못했으나 실험을 시작하기 전에는 1:6.7이었던 것이 섭취 후 1:3.2로 크게 개선되었다. 아자부대학의 모리구치 도오루 교수는 한 달 정도 지속적으로 섭취하면 많은 사람이 비슷한 변화를 볼 수 있을 거라고 이야기했다.

사료보다 목초를 먹인 소를 찾아보자

프랑스 파리를 취재차 방문했다. 미식의 고향 프랑스는 세계 제일의 목초 사육 소고기 생산국이다. 최근 몇 년 동안 프랑스 정부는 오메가3를 함유한 식품 섭취를 장려하고 있다고 한다. 파리의 정육점을 들여다보니, 진열대에 놓인 고기 대부분이 목초로 사육한 소고기였다.

프랑스 북부의 노르망디 지방에서는 오래전부터 목초를 먹인 소를 많이 키우고 있다. 곡물을 먹여 키운 소는 2년 만에 출하할 수 있지만, 여기서는 매일 50킬로그램의 목초를 먹이며 5년 이상의 시간을 들여 천천히 소를 키운다고 한다.

"여기서 자란 목초 사육 소고기는 맛이 정말 훌륭하답니다."

이렇게 이야기한 사람은 우리와 동행한 프랑스 국립가축연구소의 크리스토프 데스노이어 씨다. 그는 프랑스 가축연구소 품질관리부의 책임자다. 목초 사육 소고기에 함유된 성분을 과학적으로 분석하여 소고기의 품질 향상을 목표로 하고 있다.

일본에서도 고급 식품이나 수입 식자재를 취급하는 슈퍼

마켓 등에서 프랑스산이나 뉴질랜드산의 목초 사육 소고기를 살 수 있다. 몇 년 전부터는 우루과이산도 판매되고 있다. 목초 사육을 재평가하게 되어 홋카이도나 이와테현에서 키운 소고기 등도 유명하다. 소고기를 구매할 때 라벨에 쓰인 산지를 참고해보는 것도 좋은 방법이다. 그중에는 명확히 '목초 사육'이라고 표기된 것도 있다.

오메가3로
스트레스 줄이기

마음의 상처를 치유하는 오메가3

오메가3는 뇌 신경세포의 중요한 재료이기도 하다. 이를 충분히 섭취하면 괴로운 경험 등으로 상처받은 마음이 치유될 수 있다는 사실이 알려지기 시작했다. 흥미롭게도 우울증이나 외상 후 스트레스 장애[PTSD] 등 마음의 상처와 관련된 증상이 오메가3 섭취로 줄어든다는 연구 보고가 최근 잇따르고 있다.

국립 암연구센터 건강지원부의 마쓰오카 유타카 씨가 했던 연구도 그중 하나다. 오메가3의 새로운 기능을 확인하는 시도는 이렇게 이루어졌다. 2011년 동일본대지진 때 가혹한 구조활동을 계속하다가 마음을 다친 의료 관계자가 많다는 사실을 알게 된 마쓰오카 씨는 그들에게 오메가3를 섭취하게 하면 그들이 마음의 상처를 다스릴 수 있을지도 모른다고 생각했다.

"의사나 간호사분들이 구조활동을 마치고 돌아온 뒤 불면 증상이나 마음의 불안, 구조하지 못했던 아쉬움 등으로 스트레스를 받는다는 사실을 알게 되었습니다. 그런 분들의 스트레스 증상을 어쩌면 오메가3 섭취로 완화할 수 있지 않을까 하는 생각이 들었어요."

간호사 다케다 후미아키 씨가 이 시도에 협조해주었다. 다케다 씨는 지진이 발생한 다음 날 아침, 도쿄에서 헬리콥터를 타고 센다이로 가 구조활동에 필요한 사람이나 물자를 나르는 일을 담당했다.

"낮 동안에는 해야 할 일이 있고, 밤에는 회의가 계속되었습니다. 하루에 30분에서 1시간밖에 자지 못하는 상황이 이어졌어요."

식사는 챙겨 간 레토르트 카레를 차가운 그대로 먹으며 때웠다. 열흘간에 걸쳐 자지도 쉬지도 못한 구조활동을 끝내고 도쿄에 돌아온 다케다 씨는 이후 마음에 변화가 생겼음을 감지했다.

"어떤 일을 해도 즐겁지 않았어요. 이전에는 환자 상태가 좋아지거나 하면 너무 잘됐다며 동료들과도 같이 기뻐했는데 무슨 이유에서인지 아무렇지도 않더라고요."

도쿄에 돌아온 지 2개월 뒤 마음의 상처를 수치화하는 심리검사를 받아보자, 스트레스 레벨이 무척 높다는 결과가 나왔다. 그래서 다케다 씨는 마쓰오카 씨의 지도에 따라 **오메가3를 매일 1.5그램씩 3개월간 꾸준히 섭취했다. 그러자 심리검사에서 커다란 변화가 나타났다. 거의 모든 항목에서 스트레스 레벨이 큰 폭으로 감소한 것이다.**

이 연구에 참여했던 다른 여성 간호사들에게서도 스트레스의 뚜렷한 감소가 비슷하게 나타났다. 다케다 씨는 어느새 지진 재해 이전처럼 웃을 수 있게 되었다고 이야기한다.

산후우울증 개선, 피로 회복, 지구력 증강에도 좋다

강한 스트레스를 받게 되면 뇌의 모든 곳에서 염증이 생긴다. 사실 이것이 우울증이나 PTSD로 이어진다는 사실이 알려졌다. 오메가3에는 그런 염증을 억제하는 기능이 있다.

게다가 오메가3를 재료로 해서 상처받은 신경세포를 대체하는 새로운 신경세포가 만들어져 뇌 기능이 회복되는 것이라고 마쓰오카 씨는 추측한다.

"약이 아니라 식사로 대처할 수 있는 가능성을 발견한 사실이 무척 의미 있어요."

여성의 산후우울증도 오메가3와 연관이 있다는 사실이 밝혀졌다. 임신 중기에서 후기에 이르면 태아의 뇌는 크게 발달한다. 이 시기에 태아는 많은 양의 오메가3가 필요하다. 이때 오메가3가 모자라면 모체의 뇌에서 오메가3를 가져와서라도 충족하려고 한다. 결국 모체의 뇌가 위축되어버리는 것이다.

오메가3의 결핍상태가 장기간 계속되면 임신우울증이나 산후우울증에 걸리거나 모유가 제대로 나오지 않는다는 사실도 실험을 통해 증명되었다. 그렇기에 임신 중이나 출산 후에는 더욱 의식적으로 오메가3를 섭취할 필요가 있다.

임신 중에는 중금속을 우려해 생선 섭취를 피하는 사람도 많다. 그러나 사실 피해야 할 것은 참다랑어, 황새치, 눈

다랑어, 고래 등 수명이 길고 커다란 어종이다. **오메가3를 다량 함유한 고등어, 전갱이, 정어리 같은 등푸른생선은 해당하지 않는다. 오히려 임신 중에는 이것을 적극적으로 먹는 편이 좋다.**

혈액은 한 달이면 더 나은 상태로 만드는 것이 가능하지만, 뇌는 좀 더 시간이 걸린다. 그래도 꾸준히 섭취하면 3개월에서 반년 정도 뒤에는 활력이 솟는 것을 기대할 수 있다.

몸의 기능을 조절하는 것은 우리의 뇌다. 뇌의 재료가 되고 기능을 높이는 오메가3를 섭취하면 그 외에도 다양한 효과를 얻을 수 있다. **배우자가 있는 사람을 대상으로 한 설문조사에서는 생선을 먹는 빈도가 주 2일 이상인 사람이 주 1회 이하인 사람보다 부부관계가 좋다고 답한 비율이 10퍼센트 이상 높았다는 결과가 나왔다.**

짜증 해소에 효과가 있다는 실험 결과도 있다. 대학생을 두 그룹으로 나누어 한쪽에는 오메가3를 건강보조식품으로 매일 2,000밀리그램 섭취하며 평소대로 생활하도록 했다. 그들은 3개월 뒤 중요한 시험을 앞두고 있어서 스트레스를 받는 상태였다.

시험 직전, 세계에서 공통으로 사용하는 심리검사로 학

생들의 심리를 조사해본 결과 오메가3를 섭취하지 않은 학생의 공격성이 8.9퍼센트 상승했다. 오메가3를 섭취한 학생에게서는 이런 변화가 없었다. 즉 오메가3에는 스트레스에서 생겨나는 공격성이나 충동성을 억제하는 능력이 있는 것으로 볼 수 있다.

처음에는 뇌 기능을 중심으로 한 연구가 이루어졌으나 최근에는 스포츠계에서도 오메가3 섭취를 도입하고 있다. 세포의 유연성이 개선되고 적혈구의 유연성이 늘어나 몸 구석구석까지 혈액순환이 잘 되어 지구력이 늘어난다. 그리고 염증을 억제하는 기능 덕분에 연습 후 통증이 경감된다는 사실도 밝혀졌다. 현재는 럭비나 마라톤, 스케이트보드 등의 선수 식단에 고등어를 적극적으로 넣고 있다. 지구력이 늘어나고 기록이 현저히 좋아졌다는 결과도 나오고 있다.

지방에는 생명을 키우고 마음을 건강하게 유지하는 능력이 있는 것으로 기대된다. 앞으로도 계속해서 새로운 발견이 나올 듯하다.

혀를 둔감하게 하는 지방 중독,
열흘 만에 고치기

지방을 과다 섭취하면 혀가 둔감해진다

지방을 너무 많이 섭취하면 혀가 점점 둔감해져서 더 많은 지방을 원하게 되는 악순환에 빠진다. 혀가 지방에 둔감해진 사람은 예상외로 많다고 한다. 도대체 얼마나 많은 사람이 지방에 중독되어 있는 것일까? 우리는 30명의 남녀에게 협조를 구해서 조사를 해보았다.

음료수에 약간의 기름을 넣은 뒤 코를 잡고 마시게 한다. 3개 중 어느 하나에만 기름이 들어가 있고, 그것을 맞히는 것으로 혀의 감도를 판정하는 테스트다. 조사해본 결과 30

명 중 9명, 즉 3명 중 1명이 지방에 둔감하다는 사실을 알 수 있었다. 현대인 중 많은 수가 자신도 모르는 사이에 혀가 둔감해져 지방을 과다 섭취했을 가능성을 엿볼 수 있었다.

조사를 감수한 도쿄 치과대학 부교수인 야스마쓰 게이코 씨에 따르면 약 30~40퍼센트 사람이 지방에 둔감해져 있다고 한다. 게다가 그 수는 몇 년 전부터 나날이 증가하고 있다는 사실을 지적했다.

지방에 둔감하면 자기도 모르게 지방을 과다 섭취할 위험성이 있다. 그뿐만 아니라 필요 이상으로 지방을 원하게 되어 많은 양의 음식을 먹지 않고는 못 배기게 된다.

한 번 지방에 둔감해지면 다시 미각을 찾는 일은 불가능한 것일까? 다행히도 방법이 있다고 한다. 혀가 둔감해진 사람이라도 열흘 정도면 미각을 되찾을 수 있다.

건강한 미각은 열흘이면 되찾을 수 있다

우리의 혀 표면에는 맛을 느끼는 세포인 미뢰(맛봉오리)가 있다. **미뢰 세포는 열흘 정도마다 새로운 세포로 교체된다.**

그래서 그사이에 지방을 과다하게 섭취하지 않도록 관리하면 혀의 감도가 정상으로 돌아온다.

앞에서 혀가 둔감하다고 판정받은 9명에게 추가 협조를 부탁했다. 매일 먹는 식사를 의식적으로 바꾸도록 한 것이다. 메뉴는 지방 중독 진단 리스트와 같이 대체하도록 했다. 예를 들어 지금까지 점심식사로 튀긴 음식을 자주 먹었던 사람은 고등어 소금구이로, 저녁에 라면이나 파는 소고기덮밥을 많이 먹었던 사람은 되도록 밥을 직접 지어 먹도록 했다. 그리고 열흘 뒤, 혀의 감도를 조사하기 위해 전에 했던 것과 같은 실험을 했다. 그러자 9명 중 3명이 지방에 대한 감도를

지방 중독 진단 리스트		
튀김	➡	구이, 찜
기름진 고기	➡	붉은색 살코기, 닭가슴살, 흰살생선
기름기 많은 라면	➡	우동, 메밀국수
케이크, 슈크림	➡	화과자, 전병
마요네즈	➡	논오일 드레싱
버터 등의 유제품	➡	저지방 유제품

되찾은 것을 알 수 있었다.

한편 조사를 감수한 야스마쓰 씨는 혀의 감도가 개선되지 않은 사람에게는 2가지 공통점이 있는 것으로 분석했다.

① 아침식사를 거르는 등 불규칙한 식사 습관

성인의 경우 하루에 필요한 열량은 2,000kcal 정도다. 그것이 극단적으로 충족되지 않는 경우, 인체는 다음번에는 언제 먹을 수 있을지 모른다고 판단해서 우선적으로 칼로리를 축적해놓으려고 한다. 칼로리를 축적하기에는 지방 섭취가 가장 쉬운 방법이기 때문에 이것이 혀의 지방 감도를 둔하게 하는 것으로 보인다.

② 체질량지수[BMI]가 25 이상

살찐 사람의 경우 몸의 지방세포가 만드는 렙틴이라는 호르몬이 증가하여 지방의 맛을 느끼기 어렵게 할 가능성이 있다.

스스로 괜찮은지 자가진단 리스트를 이용해 진단해보기를 권한다. 혀의 감도 자가진단 리스트에서 2개 이상에 해당

혀의 감도 자가진단 리스트

☐ 하루에 두 끼, 튀긴 음식을 먹는다.

☐ 고기는 기름진 부위를 먹는다.

☐ 면 중에서도 기름기 많은 면을 좋아한다.

☐ 구운 과자보다 튀긴 과자를 먹는다.

☐ 무심코 과식하는 일이 있다.

☐ 식사를 거르는 날이 많다.

하면 주의할 필요가 있다. 3개 이상이라면 혀가 지방에 둔감할 가능성이 있다. 그러나 열흘만 의식해서 지방을 제한해보면 감도를 되찾을 가능성이 크다. 감도를 되찾으면 분명히 평소 먹던 음식이 더 맛있게 느껴질 것이다.

지방의 중독성은 마약 다음으로 높다

인간은 왜 지방 중독에 빠지는 것일까? 게이오대학의 이토 히로시 교수는 지방은 열량이 높아서 계속 먹으면 뇌의 보상회로에 이변을 일으킨다고 한다. 평소에는 어느 정도 먹었으면 만족할 법한데, 이 이변 때문에 쾌락 물질인 도파민의 신호가 저하되어서 만족을 느끼기 어려워지는 것이다. 즉 지방은 무척 중독되기 쉽다는 이야기다. 무려 담배나 술보다도 중독성이 강하다.

"지방은 마약 다음으로 중독성이 높은 물질이에요. 일단 빠져버리면 좀처럼 벗어나기 힘들지요. 그래서 애써 식생활을 고쳐도 다시 돌아올 가능성이 큽니다. 매일 조금씩 제한하는 것을 의식적으로 지속하지 않으면 중독에서 빠져나오기란 무척 어렵습니다."

맛은 혀로 느끼는 감각과 향까지 통합되어 만들어진다. 음식을 맛있다고 느끼게 하는 향의 성분은 대부분은 지용성이다. 다시 말해 지방에 녹는 성질을 갖고 있다. 지방에 허브나 스파이스 같은 향 성분이 녹은 것을 먹으면 위장에 향이 그대로 남아 음식의 여운을 풍부하게 느낄 수 있다.

게다가 입안에 지방이 들어오게 되면 지방이 없을 때보다 더 많은 타액이 분비된다. 그 타액으로 맛이 입안에서 돌면서 한층 배가된다. 이 현상을 두고 우리는 '군침 돈다'고 말한다.

결국 맛있는 음식에는 지방이 빠질 수 없다. 그렇기에 더욱 지방을 의식적으로 생각할 필요가 있다. 무심코 과식하는 것이 아니라 건강에 좋은지 나쁜지, 섭취해야 할 지방인지 아닌지 항상 유의하며 선택해야 한다.

마쓰모토 유스케

(NHK 과학·환경 프로그램 프로듀서)

4장

술, 왜 과음하게 되는 걸까?

잘 마시는 사람도, 못 마시는 사람도 알아야 할 술의 진실

즐거운 기분에 취하고 싶어서, 스트레스를 풀기 위해서 사람들은 술을 즐겨 마신다. 그러나 알코올은 너무 많이 마시면 목숨을 위협하거나 암 같은 무서운 질병을 일으킬 수 있어서 무섭기도 하다. 이토록 위험한 음료가 왜 이렇게나 우리 사회에 퍼진 것일까? 최신 연구에서 술의 본래 목적은 목숨을 부지하는 영양식이었다는 의외의 사실이 밝혀졌다. 그러나 영양식이었던 술이 왜 취하기 위한 음료로 바뀐 것일까? 그리고 술에 약한 사람이 존재하는 이유에도 드라마틱한 사실이 있었다.

인류의 조상은 살아남기 위해
술이 필요했다

술을 영양식, 주식으로 삼은 사람들

아프리카 에티오피아 남부, 표고 약 2,000미터 산악지대에 인류와 술의 궁극적인 기원을 밝혀줄 사람들이 있다. 우리 취재팀은 이 지역에 거주하는 민족 디라셰Dirashe 사람들을 취재했다.

그들은 파쇼트parshot라고 하는 걸쭉한 액체를 마시고 있었다. 파쇼트는 디라셰의 전통주로 수수를 갈아 으깬 뒤 항아리 안에서 발효시켜 만든다. 산미가 있으며 약간의 탄산도 있다. 알코올 도수는 맥주와 비슷한 정도다.

디라셰 사람들은 이 파쇼트를 무척 좋아해서 하루에 5리터씩도 마신다. 놀랍게도 그 외의 식사는 거의 하지 않는다. 이 술이야말로 디라셰 사람들의 주식인 것이다. 아이들까지도 알코올 도수가 약한 파쇼트를 식사로 마시고 있다.

신기하게도 그들은 술 외에 거의 다른 것은 먹지 않는데도 모두 듬직한 체격이다. 건강한 몸을 유지하고 있다. 그 비밀을 찾아 나고야대학의 생태인류학자 스나노 유이 씨가 처음으로 본격적인 조사를 했다.

파쇼트의 성분을 자세히 분석한 결과, 놀라운 사실이 판명되었다. 파쇼트에는 당분뿐만 아니라, 살아가기 위해 반드시 필요한 필수 아미노산이나 비타민 등이 다량 함유되어 있었던 것이다.

디라셰 사람들은 하루에 몇 번이고 파쇼트를 마신다.

"우리와 다르게 고기나 채소 같은 음식을 거의 먹지 않고 곡물인 수수로 만든 술만 계속 마시면서 이만큼의 영양을 섭취하고 있다는 건 대단히 놀라운 일이라고 생각합니다."

파쇼트의 원료인 수수는 건조한 지역에서 유일하게 재배할 수 있는 곡물이다. 그러나 이것만으로는 살아가는 데 꼭 필요한 영양소를 충족할 수 없다. 그런데 이 수수를 발효시켜 만든 술은 영양가가 훨씬 높아진다. 그것만 마시면 살아갈 수 있다는 것을 그들은 경험을 통해 깨우친 것이다.

디라셰 사람들에게 술이 영양식이라는 이 놀라운 사실은 인류가 최강의 술고래로 진화한 이유를 찾는 힌트가 되었다. 술고래에게 필요한 특별한 유전자인 '알코올 분해 유전자'를 연구하는 미국의 생물학자 매튜 캐리건 씨는 인류와 술의 의외의 원점을 찾았다.

알코올 분해 유전자는 인체에 유해하기도 한 알코올을 체내에서 다른 물질로 분해하는 특별한 효소를 만드는 역할을 한다. 캐리건 씨가 자세히 분석한 결과 흥미로운 사실이 밝혀졌다.

약 1,200만 년 전, 나무 위에서 생활하던 우리 조상의 몸속에 별안간 무척 강한 알코올 분해 유전자가 생겨났다. 그

후 고릴라, 침팬지, 그리고 인간과 같은 일부의 유인원에게만 알코올 분해 유전자가 이어져 내려왔다고 한다. 그래서 **다른 동물들은 체내에서 알코올을 분해하는 능력이 약해서 술 등을 마시지 못하는 것에 비해, 이 강한 알코올 분해 유전자를 이어받은 유인원이나 인간은 도수가 높은 술도 마실 수 있다.** 이것은 그야말로 선택받은 '술고래'로의 커다란 진화라고 할 수 있다.

그렇다고 해도 술이 없었던 1,200만 년 전에 왜 술에 강한 유전자가 생긴 것일까?

"조상이 손에 넣은 높은 알코올 분해 능력은 생존하기 위해 무척 중요한 요소였던 걸로 추측됩니다."

캐리건 씨가 생각하는 술고래 탄생의 이야기를 들어보자.

인간이 지구상에서 최강의 술고래가 된 이야기

약 1,200만 년 전 우리의 조상은 아프리카 대륙의 나무 위에서 열매 등을 주로 먹으며 살았다. 온화한 기후에서 음식도 부족하지 않은 행복한 시대였다. 그러나 지구 규모의 기후변동으로 대지가 급격히 건조화하기 시작하며 숲의 나무가 점차 사라졌다. 자연히 열매도 줄어들어 먹을 것이 없어졌다.

운 좋게 지면에 떨어진 열매를 발견해도 너무 익어서 열매에 함유된 당분이 자연 발효되어 알코올로 변해버린 경우도 드물지 않았던 것으로 보인다. 그래도 배고픔을 덜기 위해 그 열매를 먹었던 조상은 아직 체내에 강한 알코올 분해 유전자가 없었기에 소량의 알코올만으로도 취해버려서 다른 힘이 센 동물들에게 공격받는 일도 있었을 것이다.

그러던 중 어느 날, 몇몇 조상의 체내 유전자에 돌연변이가 생겨 알코올 분해 유전자가 우연히 강력해진 것으로 짐작된다. 강한 알코올 분해 유전자를 예상치 못하게 얻게 된 조상은 발효한 열매를 먹어도 취하는 일 없이 영양을 얻을 수 있게 되었다. **이런 행운으로 술이 된 열매를 먹을 수 있게 된 조상만이 살아남아서 개체 수를 늘린 것으로 보인다.**

우리 인류는 그 유전자를 이어받아 지구에서 최강의 술고래가 된 것이다. 유전자 속 술과 인류의 관계를 연구하는 도쿄대학의 오타 히로키 교수는 이만큼 강력한 알코올 분해 유전자를 얻은 것은 순전한 우연이었을 것으로 추측한다.

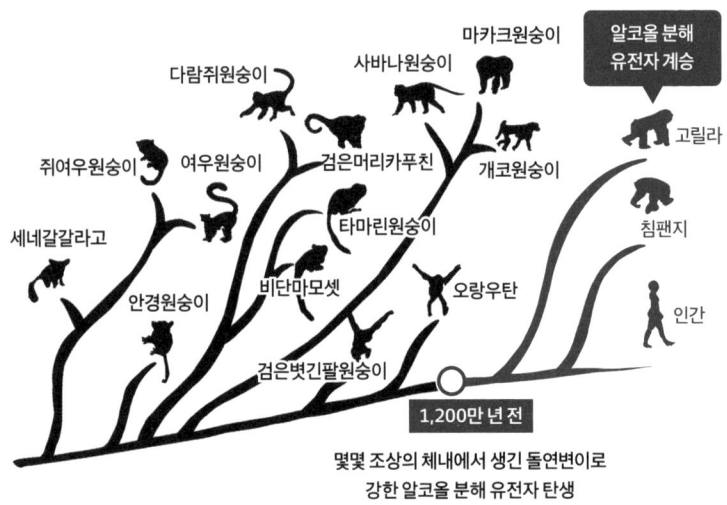

마카크원숭이
사바나원숭이
다람쥐원숭이
알코올 분해
유전자 계승
쥐여우원숭이
여우원숭이
검은머리카푸친
개코원숭이
고릴라
세네갈갈라고
타마린원숭이
침팬지
안경원숭이
비단마모셋
오랑우탄
인간
검은볏긴팔원숭이
1,200만 년 전

몇몇 조상의 체내에서 생긴 돌연변이로
강한 알코올 분해 유전자 탄생

"떨어진 과일이나 발효된 음식을 먹을 수 있게 된 조상과 그렇지 않은 조상이 있었겠지요. 우리의 조상은 먹어도 괜찮은 쪽이었어요. 유전자의 돌연변이는 언제나 우연히 생겨납니다. 그러나 **그 유전자가 사라지지 않고 현재의 우리에게까지 전해졌다는 것은 강한 알코올 분해 유전자가 생존에 뭔가 도움이 되었다는 거예요.**"

인류의 조상은 술이 된 열매에서 영양을 얻어 살아남은 것으로 짐작된다. 디라셰 사람들이 술을 주식으로 해서 살아가는 모습은 그렇게 먼 시절에 맺은 조상과 술의 관계를 현재까지 남겨놓은 듯하다. 그러나 그렇게 특별한 식문화를 제외한다면 현대인에게 술이란 영양식이 아니라 취하기 위해 마시는 음료다. 도대체 무엇이 이렇게 큰 변화를 만든 것일까?

제동장치 없이
쾌락 물질을 방출하는 술

아득한 옛날에는 부족 간의 충돌을 막으려고 술을 빚었다

우리는 서아시아 터키로 취재를 떠났다. 그곳은 지금으로부터 약 1만 2,000년 전에 인류가 농경을 시작한 역사적인 지역이다.

그 지역에서 인류가 만든 가장 오래된 구조물이라는 대규모 유적이 발견되었다. 지름은 약 300미터 규모에 높이는 5미터가 넘는 거대한 기둥이 세워져 있어 신전으로 추정되는 유적지이자 세계문화유산인 괴베클리 테페다. 여기서 최대 부피가 약 160리터나 되는 커다란 돌그릇이 몇 개씩이나 발견되었다. 게다가 그 그릇 표면에서 옥살산염이라고 하는

세계문화유산 괴베클리 테페.

술을 빚은 것으로 짐작되는 부피 160리터의
커다란 돌그릇.

밀을 발효할 때 생기는 물질이 검출되었다. 1만 년도 더 이전
에 사람들이 이 돌그릇에 대량의 밀로 술을 빚었을 가능성
이 엿보이는 대목이다.

독일 고고학연구소의 고고학자 로라 디트리히 박사는 그
주조 과정을 재현하는 실험을 했다. 우선 당시 재배했던 것
으로 짐작되는 밀을 돌그릇에 갈아 으깨어 가루를 만든다.
그것을 물에 담가 데우면 밀에 함유된 녹말이 자연스럽게 당
으로 분해된다. 대량의 물을 데우기 위해서 옛날 사람들은
구운 돌을 사용했던 것으로 추측된다. 돌그릇 안에 구운 돌
을 계속 넣어서 잠시 두면 물은 단맛으로 변한다.

다음은 당을 효모로 발효하는 작업이다. 야생 열매 등에
붙은 천연 효모균 등으로 발효시켜 당을 알코올로 전환한 듯
하다. 그리고 잡균이 들어가지 않도록 진흙 등으로 그릇째

밀봉하여 3개월을 기다린다. 약간의 산미와 거품이 있어서 맥주와 비슷한 술이 만들어진다. 먼 옛날 사람들은 바로 이 장소에서 술을 만든 것으로 보인다. 술을 만든 규모도 꽤 커서 이와 비슷한 돌그릇이 유적지 주변에서 크기별로 몇 개씩 발견되었다.

인류는 왜 이 시대에 이 장소에서 대량의 술을 만들기 시작한 것일까? 당시 신전 주변 지역에는 서로 다른 여러 부족이 정착해서 집단생활을 한 것으로 추측된다. 그 부족들 사이에 피투성이가 되도록 싸우는 일이 벌어졌을 수 있다. 이는 같은 지역에서 이루어진 발굴 조사로 미루어 짐작할 수 있었다. 농경을 시작해서 집단으로 생활하게 된 인류는 더 좋은 농경지를 두고 다투는 등 부족끼리의 충돌이 빈번했을지 모른다.

그러나 기계 등이 없던 당시에 이 정도 규모의 커다란 신전을 세우려면 많은 사람이 힘을 합쳐야 했을 것이다. 그래서 '사람들 사이를 좋게 만드는' 술의 힘을 빌린 것이다. 일치단결을 도모하여 신전을 건설하려고 모인 사람들이 대량으로 만든 술을 나눠 마시며 잔치를 벌였을 가능성이 있다고 로라 박사는 말했다.

"신전을 건설하려면 수백 명씩이나 되는 사람들이 모여야 해요. 많은 양의 술은 다른 부족들끼리 서로에게 술을 따라주며 결속력을 다지는 중요한 역할을 한 것으로 볼 수 있습니다."

인류는 사람들을 결속시키는 술의 신비한 능력을 발견했다. 이 능력에는 알코올이 뇌에 미치는 특별한 작용이 관련되어 있다. 우리의 뇌는 표층 부분에 '이성'을 만드는 기능이 있다. 처음 만난 사람에게 긴장감이나 경계심을 느끼는 것은 이 이성이 기능하기 때문이다.

그렇다면 술을 마신 뒤에는 어떻게 될까? 뇌의 단면을 살펴보면 알코올을 섭취하기 전에는 이성을 관장하는 표층 부근이 활발히 기능하고 있던 것이 소량의 알코올 섭취만으로 잠잠해지는 것을 볼 수 있다.

결국 알코올에 의해 이성의 기능이 약해진다는 이야기다. 그 덕분에 경계심이 풀리고 마음이 열려서 다른 사람과 속을 터놓기 쉬워지는 것으로 추측된다. 그야말로 술이 가져온 효용이다.

인류 최초의 문명 유적이라고 불리는 신전에서 대량의 술이 만들어지기 시작했다. 이를 계기로 술은 '사람과 사람을

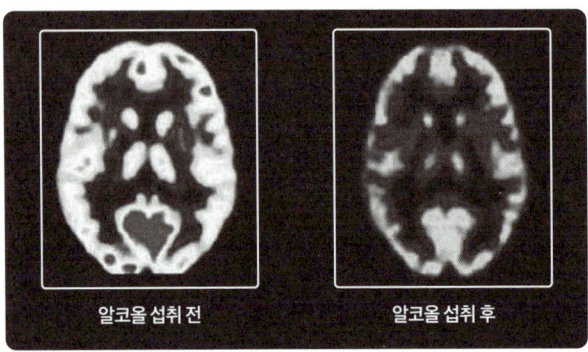

알코올 섭취 전후를 비교한 뇌의 단면

알코올 섭취 전   알코올 섭취 후

뇌의 단면을 보면 알코올을 섭취하기 전(왼쪽)에는 이성을 관장하는 표층 부근이 활발히 움직이고 있지만, 소량의 알코올을 섭취한 뒤(오른쪽)에는 그 활발함이 감소했다.

연결하고 문명과 사회를 이루는 특별한 힘'을 가진 빼놓을 수 없는 존재가 된 것은 아닐까? 로라 교수는 이렇게 이야기했다.

"다 같이 술을 마시면 분위기가 부드러워지고 사이도 좋아지지요. 그런 문화가 서서히 퍼져 나갔으리라고 생각하는 것이 자연스러워요. 어쩌면 인류 역사에 있어서 무척 중요한 일이라고 할 수 있습니다."

식사는 풍성하게, 사람 사이는 깊게

인류의 주조는 농경과 거의 동시에 시작된 것으로 보인다. 그 후 각 지역에서 얻기 쉬운 재료를 사용하여 전 세계적으로 다양한 술이 만들어지기 시작했다. 그리고 술과 인류는 점점 깊은 관계를 맺게 되었다.

칵카스산맥에 안긴 동유럽의 나라 조지아. 우리는 취재를 하러 수도 트빌리시에서 남쪽으로 50킬로미터 거리에 있는 약 8,000년 전의 슐라베리 유적으로 향했다.

그곳은 신석기시대의 주거지였다. 토출된 토기의 파편에서 포도 꽃가루와 포도나무 껍질 세포가 다량 발견되었다. 토론토대학의 스티븐 바추크 연구원에 따르면 그것은 와인을 만든 흔적이라고 한다. 조지아는 지금도 세계적인 포도 생산지다. 지금과 마찬가지로 약 8,000년 전의 인류도 포도를 키워 와인을 만든 것이다.

조지아에서는 지금도 약 8,000년 전과 다르지 않은 방법으로 와인을 만들고 있다. 사용하는 것은 크베브리Qvevri라고 부르는 커다란 토기인데 그 부피는 약 1,000리터나 된다. 안내를 받아서 간 와인 공방의 바닥에는 크베브리가 묻혀 있었다. 흙으로 덮어두면 온도가 변하지 않아서 안정적으로 발효된다고 한다.

완성한 와인의 알코올 도수는 약 15퍼센트로, 당분이 많은 포도는 알코올 도수가 좀 더 높게 나온다. 고대의 사람들도 다 같이 술 취한 기분을 즐긴 것이 틀림없다.

4월 중순이 되자 전년도에 담근 와인이 완성되었다. 그해의 첫 와인을 맛있는 음식을 먹으며 가족과 함께 맛본다. 예부터 변하지 않는 조지아의 전통이다. 새 와인 마개를 따며 오늘을 축복한다. 조지아의 사람들에게 와인은 식사를 풍성하게 하고 사람과 사람 사이를 깊게 하는 데 빼놓을 수 없는 음료다.

일본에서는 중국으로부터 농경이 전해진 약 4,000년 전 조몬시대 후기부터 야요이 시대 전기 무렵에 주조가 시작된 것으로 알려져 있다. 이후 일본인은 주식인 쌀을 발효해서 술을 만드는 니혼슈(청주)의 주조 기술을 계승해왔다. 먼저 원료가 되는 쌀을 도정하고 잡맛을 제거한다. 다음으로 대량의 쌀을 찐 뒤 골고루 누룩을 뿌린다. 누룩의 작용을 이용해 쌀의 녹말을 당으로 분해한다. 약 3주간 천천히 발효시키면 니혼슈가 완성된다.

일본에서 술은 신들의 음료로 여겨진다. 특별한 힘이 깃들어 있다고 해서 예부터 신성한 의식에 사용되어왔다. 그 시작은 쌀을 씹어서 타액으로 발효시킨 술이었던 것으로 알려져 있다. 신의 부름을 받은 무녀가 씹은 쌀을 그릇에 담아 술을 만들고 그것을 모두가 즐기는 모습이 《고사기古事記》나 《만엽집萬葉集》 등에 기록되어 있다.

인류에게 술은 단순히 취한 기분을 즐기기 위한 음료였던 것이 아니라 음식과 함께 키워낸 문화 그 자체다.

무서운 술, 더 강한 쾌락을 추구하는 인간

술은 인간관계를 만드는 특별한 힘을 갖고 있다. 시대가 바뀌어 문명사회가 발전함에 따라 인류가 술에 뇌를 빼앗기는 사태가 일어나기 시작한다.

약 5,000년 전 고대 이집트에서는 맥주가 노동자의 임금으로 지급되기까지 했다. 그리고 이때는 포도를 키워서 맥주보다 도수가 높은 와인도 만들기 시작했다는 사실이 밝혀졌다. 그러자 자연히 술을 이기지 못하는 사람도 나오기 시작했다. 나중에 발견된 당시 노동자의 출근기록부를 보면 일을 쉬는 이유로 '음주'라는 글자가 보인다. 게다가 토할 때까지 마신 귀족의 모습을 그린 벽화도 발견되었다.

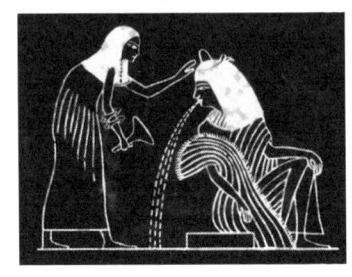

토할 때까지 마신 귀족의 모습.

인간이 그렇게까지 술에 매료된 원인은 뇌를 조종하는 무서운 술의 마력에 있었다. 술을 마시면 알코올이 혈액을 타고 뇌로 흘러간다. 뇌혈관 벽에는 다른 물질의 침입을 막는 특별한 울타리가 있는데, 알코올은 무척 작은 물질이라 그 울타리를 빠져나가 뇌의 내부까지 들어간다.

뇌 속에는 도파민이라는 쾌락 물질을 방출하는 세포가 있다. **알코올이 뇌 속에 증가하면 이 세포가 흥분상태에 빠져 멈추지 않고 도파민을 방출한다. 그러면 쾌락이 폭주하여 더 마시고 싶다는 생각을 멈추지 못하게 된다.** 이른바 알코올에 뇌를 빼앗긴 것 같은 상태가 되는 것이다.

인류는 알코올이 뇌에 일으키는 '취한 쾌락'에 매료되어 더 강한 술을 원하기 시작했다. 8세기경에는 드디어 궁극의 술을 만들어냈다. 술에서 알코올 성분을 추출하여 더 높은 도수의 '증류주'를 만들기 시작한 것이다. 브랜디, 소주, 보드카 등은 적은 양으로도 바로 취할 수 있어서 그야말로 쾌락을 가져오는 술이라고도 할 수 있다.

증류주를 만드는 기술은 아라비아의 연금술사가 와인을 증류해 브랜디를 만드는 과정에서 확립되었다고 한다. 당시에는 아쿠아비트Aquavit, 즉 생명수라고 불리며 약으로 쓰였다. 이 술이 15세기 대항해시대에 크게 활약하게 된다. 큰 바다를 건너는 배에 실을 짐의 양은 한정적이었기 때문에 소량으로도 취할 수 있고 장기간 보존할 수 있는 증류주가 아주 요긴했다. 증류주는 배를 타고 전 세계로 퍼져 나갔다.

술에는 뇌를 이완하여 사람과 사람 사이를 이어주는 특별한 힘이 있다. 그러나 연회를 즐기는 사이 어느새 인류의 뇌는 마력을 가진 알코올에 빼앗겨 끝없이 마시려고 하는 생물이 된 것이다.

왜 아시아에는
술에 약한 사람이 많을까?

서구와 아프리카계 사람은 대부분 술이 세다

조사에 따르면 서구와 아프리카계 민족 중에는 술을 마시면 바로 얼굴이 빨개지는 '술에 약한 체질'이 거의 없다. 대부분이 술에 강한 체질이다. 그러나 일본이나 중국, 한국 등의 아시아 사람들 중에는 술에 약한 사람이 무척 많다. 왜 아시아인들이 술에 더 약할까?

그 발단은 중국에 있다는 사실이 밝혀졌다. 궁금증을 해결하려 한 사람은 푸단대학의 인류학자 리 후이 씨다. 그는 중국에서 발굴된 인류의 뼈에 남은 유전자 정보를 해석하는 연구를 하고 있다. 그중에서도 리 씨가 주목한 것은 '아세트

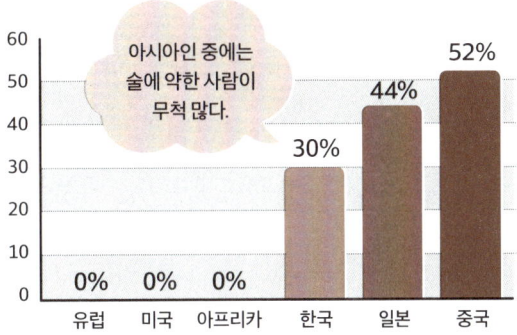

술에 약한 체질인 사람의 비율

아시아인 중에는 술에 약한 사람이 무척 많다.

알데하이드 분해 유전자'라고 불리는 유전자 유형이다.

술을 마시면 알코올은 몸속에서 분해되어 '아세트알데하이드'라는 물질로 바뀐다. 얼굴이 빨개지는 것은 바로 이 물질 때문이다. 아세트알데하이드는 몸속 세포에 상처를 입혀서 암이나 간경변 등의 발병 위험을 높이는 위험한 물질이다. **술이 독이라고 이야기하는 것의 정체가 바로 아세트알데하이드다.**

아주 먼 옛날, 우연히 알코올 분해 유전자가 강해진 인류의 조상은 아세트알데하이드 분해 유전자의 기능도 강했던 것으로 알려져 있다. 그러나 6,000년도 더 이전에 아세트알데하이드 분해 유전자의 기능이 약해진 조상이 갑자기 중국에 나타났다는 사실이 밝혀졌다. 왜 '술에 약한 유전자'가 나타난 것일까?

리 후이 박사의 분석에 따르면 현대 아시아, 특히 동아시아 일대에는 아세트알데하이드 분해 유전자 기능이 약한 사람이 많이 존재하고 있다. 이 분포를 살펴본 리 박사는 술에 약한 유전자가 퍼진 형태가 아시아에서 농경이 퍼진 형태와 유사하다는 점을 깨달았다.

농경은 중국의 양쯔강 유역에서 시작되어 북동부로 퍼져 나갔다. 다음으로 남동부에 전해진 뒤 동아시아 일대로 퍼졌다. 이런 농경의 분포와 술에 약한 유전자의 분포를 겹쳐 보자 놀라울 정도로 대부분이 일치했다.

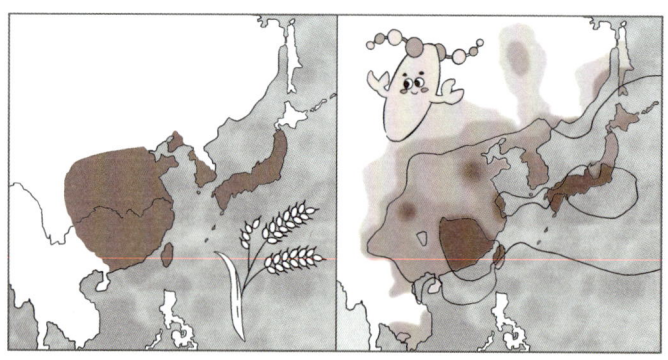

아시아 농경의 확장.

아세트알데하이드 분해 유전자 기능이 약한 사람의 분포도.

아시아에서는 '술에 약한 유전자'를 가진 사람들이 살아남았다

농경의 분포와 술에 약한 유전자의 분포가 거의 일치한다는 것은 큰 발견이었지만 그것이 어떤 이유로 그렇게 된 것인지 아직 확실한 것은 밝혀지지 않았다. 그러나 몇 가지 유력한 가설이 주장되고 있다. 그중에서 가장 그럴 법한 것은 도쿄대학의 오타 히로키 교수가 생각한 놀라운 이야기다.

배경은 6,000년도 더 이전의 중국이다. 농사짓기 좋은 물가에 많은 사람이 모여 생활하기 시작했는데, 당시에는 위생 환경도 나빴고 먹거리에도 질병을 일으키는 나쁜 미생물 등이 많이 붙어 있었던 것으로 추측된다. 이를 미처 모르고 먹은 음식으로 인해 체내에 나쁜 미생물이 증가하면 목숨이 위험해지기도 했다. 그럴 때 의외의 것이 도움이 되었는데, 바로 쌀로 만든 술이었다.

아세트알데하이드 분해 유전자의 기능이 약한 인류가 술을 마시면 체내에서는 분해되지 않는 맹독의 아세트알데하이드가 늘어난다. 그러나 오히려 그 독이 체내의 나쁜 미생물을 공격하는 약으로 기능했을 수 있다고 한다.

한편 술에 강한 인류는 체내의 아세트알데하이드가 적어

서 나쁜 미생물이 억제되지 않고 크게 번식해서 목숨이 위태로워졌다. 이렇게 술에 약한 유전자를 가진 사람들 쪽이 감염병을 이겨내고 살아남은 것이 아닐까 미루어 짐작할 수 있다. **즉 동아시아의 인류는 술로 인한 독이라도 이용해서 질병으로부터 몸을 지켜야 했던 가혹한 환경에 있었기에, '일부러 술에 약해진 것'이라는 이야기다.**

단지 이것은 어디까지나 유력한 가설 중 하나다. 그 외에도 단순히 술을 마시지 못하는 사람은 알코올을 다량 섭취하지 않고도 건강하게 지낼 수 있었다는 설이 있다. 동아시아는 열대우림과 달리 자연적으로 발생하는 알코올이 적어 처음부터 술에 강한 유전자가 필요하지 않았다는 등 다양한 가설이 있다.

이유는 확실치 않지만 어떤 이유로 인해 나타난 이 '술에 약한 유전자'가 결국 농경문화와 함께 일본으로 건너왔고, 지금은 일본인의 약 40퍼센트가 술에 약한 유전자 유형이 된 것으로 보인다. 오타 교수는 다음과 같이 추측하고 있다.

"일본에 농경 기술을 전해준 사람들이 들어오기 이전부터 일본에 있던 조몬인 중에는 술에 강한 유전자 유형의 사람이 많았다고 알려진 것을 보면, 대륙에서 건너온 '술에 약한 유전자 유형'의 영향으로 술에 약한 일본인이 늘어난 것이 아닐까요?"

이처럼 술에 약한 사람이 많다는 사실을 인식하고 같이 마시는 상대를 배려하며 술의 이점을 이용해 부드러운 분위기 속에서 대화를 즐기는 것, 그것이 사람과 사람을 잇는 술자리를 바람직하게 즐기는 방법이라고 할 수 있겠다.

술은 적당히 마시면 건강에 좋다?

아세트알데하이드는 인류를 질병으로부터 지켜주는 약의 기능을 한 것으로 보이는 유독성 물질이다. 그러나 현대에는 위생 환경도 좋아졌고, 과거 인류처럼 나쁜 미생물을 두려워할 필요도 없어졌다. 그렇다면 알코올에서 발생하는 아세트알데하이드는 그저 독에 지나지 않는다.

"술은 적당히 마시면 오히려 건강에 좋다", "술은 백약의 으뜸이다"라는 말도 있지만 아쉽게도 그렇지 않다고 말하는 연구자들이 늘고 있다. 술에 강한 사람이라도 아세트알데하이드가 몸에 좋지 않다는 사실에는 변함이 없다. 개인차는 있지만 하루에 마시는 알코올 양이 20그램을 넘기 시작하면 질병에 걸릴 위험이 증가한다는 최신 데이터가 발표되었다.

알코올 20그램은 맥주로 환산하면 500밀리리터 한 캔 정도다. 이를 두고 많다고 볼지, 적다고 볼지는 개인마다 다를 수 있다.

한편 술에 강한 유전자 유형을 가진 사람은 특히 알코올 중독을 조심할 필요가 있다고 오타 교수는 지적한다.

"알코올 중독에 걸리기 쉬운 것은 술에 강한 유전자 유형을 가진 사람입니다. 분해 능력이 강하기 때문에 마음놓고 마시다 보니 술의 양을 계속 늘리게 되지요. 그렇게 되면 '취하는 쾌락'을 느끼려는 욕구를 좀처럼 잘라내지 못하게 됩니다."

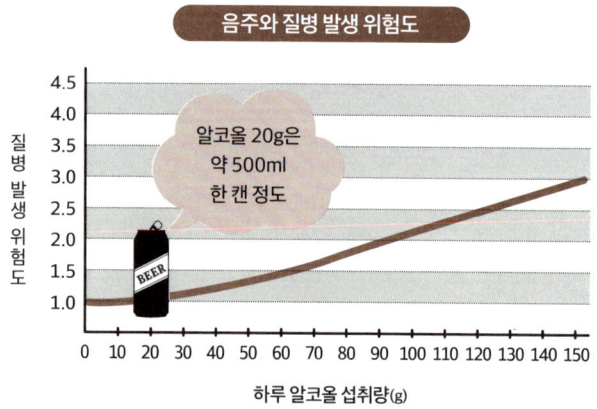

술은 몸만 생각한다면 분명히 위험한 음료다. 그러나 인간의 행복은 '병에 걸리지 않는 것', '장수하는 것'만이 전부가 아니다. 누군가와 즐거운 시간을 갖거나, 일이 끝난 뒤 맛보는 한잔의 기쁨을 생각한다면 술을 즐기는 시간은 무척 소중하다.

이제는 영양을 위해 마시는 것이 아니기 때문에 우리는 그 위험을 인지하고, 현명하게 술을 마셔야 하는 시대를 살고 있다.

나의 유전자 유형에 맞춰
술을 즐기자

'아세트알데하이드 분해 유전자'가 술 체질을 결정한다

술을 마시면 바로 얼굴이 빨개지는 사람이 있는가 하면, 아무리 마셔도 얼굴색에 전혀 변화가 없는 사람도 있다. 또 다음 날까지 술기운이 남아 힘들어하는 사람도 있고, 바로 취기가 사라지는 사람도 있다.

음주는 왜 이토록 개인차가 심한 것일까? 거기에는 유전자가 깊이 관계하고 있다. 그리고 그 유전자 유형에 따라 똑같이 술을 마셔도 질병에 걸릴 위험도가 전혀 달라진다. 자신의 유전자 유형을 어떻게 파악하면 좋을지, 술에 강한 체질이 되는 것은 가능한지, 꼭 알아두어야 하는 술 마시는 방법은 무엇인지를 소개한다.

술의 주성분인 알코올은 많이 마시면 뇌세포 등의 기능을 저하하는, 이른바 숙취를 부를 위험이 있는 물질이다. 몸에 들어간 알코올은 효소에 의해 분해되는데, 처음에 작용하는 것은 뒤에 나오는 실천편 ❷에서 자세히 설명할 '알코올 분해 유전자'가 만들어내는 효소다. 이 효소가 알코올을 아세트알데하이드로 분해한다. 이 아세트알데하이드는 앞에서 설명했듯이 세포에 상처를 입혀서 암 등의 질병을 일으키는 원인이다. 또한 혈관을 확장해서 얼굴을 붉게 만들거나 두통이나 구토를 일으키는 것도 모두 아세트알데하이드가 작용하는 것이다.

'아세트알데하이드 분해 유전자'는 효소를 만들어 아세트알데하이드를 아세트산이라는 인체에 무해한 물질로 변화시킨다. 사실 우리가 술에 강한지 약한지는 이 아세트알데하이드 분해 유전자와 깊은 관계가 있다.

이 분해 유전자의 강도에는 크게 세 단계가 있다. 아세트알데하이드를 계속해서 분해할 수 있는 '강한' 유형과, 소량의 술로 얼굴이 빨개지지만 술을 마실 수는 있는 '조금 약한' 중간 유형, 그리고 아세트알데하이드를 분해할 수 없어 술을 조금도 마시지 못하는 '아주 약한' 유형이다.

술을 마시면 얼굴이 빨개지는 사람은 요주의!

어느 조사에서 일본인은 술에 '강한' 유형이 58퍼센트, '조금 약한' 유형이 35퍼센트, '아주 약한' 유형이 7퍼센트라는 결과가 나왔다. 참고로 서구나 아프리카 사람들은 거의 100퍼센트가 술에 '강한' 유형이다. 술에 약한 유전자는 아시아 일부 지역 사람들만의 특징이라는 이야기는 앞에서 설명한 바와 같다.

약간의 술로도 얼굴이 빨개지는 '조금 약한' 유형과 술을 전혀 마시지 못하는 '아주 약한' 유형의 사람은 '강한' 유형에 비하면 음주로 인한 질병 발생 위험도가 확연히 높다는 사실이 밝혀졌다. 아세트알데하이드 분해 능력이 약하다는 것은 독성이 높은 물질에 오래 노출된다는 것으로, 식도암이나 두경부암에 걸릴 위험이 커지는 것이다. 그리고 아세트알데하이드는 혈액을 만드는 골수에도 손상을 주어 백혈구도 감소시킨다는 사실이 알려졌다.

일본인 식도암 환자의 무려 70퍼센트는 아세트알데하이드 분해 능력이 '아주 약한' 유전자 유형이다. 같은 양의 술을 마셨을 경우, '강한' 유형에 비교하면 '조금 약한' 유형과 '아주 약한' 유형의 사람은 암에 걸릴 위험이 식도암은 7.1배, 두경부암은 3.6배에 달한다.

게다가 아세트알데하이드에 오래 노출된 것이 암의 원인인 경우, 다른 장기도 같이 아세트알데하이드에 노출되었을 가능성이 있다. 즉 한 부분에서 암이 발견되었다면 다른 부분에서도 암이 발견될 확률이 높다. 실제로 다발성 식도암 환자를 조사해보니, 92퍼센트가 술에 약한 유형의 유전자를 가지고 있었다. 술을 마시면 얼굴이 빨개지는 사람의 음주

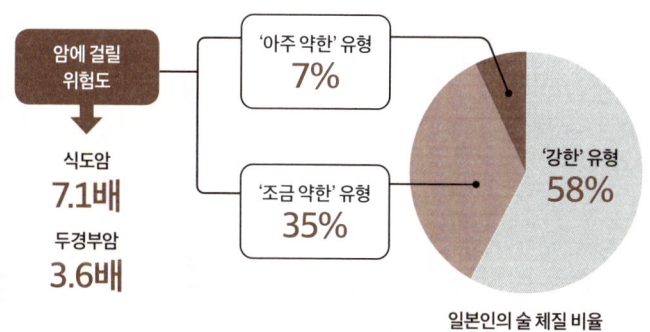

일본인의 술 체질 비율

는 그것만으로도 커다란 위험이 있는 것이다.

알코올로 인한 질병 발생 위험도는 여성보다 남성이 3배 정도 높다는 데이터도 있다. 남성이 음주하는 빈도가 높기 때문으로 보인다. 같은 양의 술을 계속해서 마실 경우에는 일반적으로 체구가 작은 여성 쪽의 위험도가 높아진다.

이 위험도를 조금이라도 낮추는 방법은 '간'이 쉬는 날을 마련하는 것이다. 일본 국립 암연구센터가 발표한 데이터에 따르면, 같은 양의 술을 마시는 경우라도 주 1~2회의 쉬는 날을 마련해둔 쪽이 뇌졸중에 걸릴 위험이 낮았다. **간이 쉴 수 있는 날이 주 3일 이상인 경우 알코올로 인한 질병 발생 위험도가 눈에 띄게 낮아진다고 하니, 가능하다면 일주일에 3일 정도는 쉬는 것이 바람직하다.**

계속 마시니까 주량이 늘었다는 사람도 특히 조심!

"예전에는 술을 못했는데, 이제는 잘 마실 수 있게 되었다"고 말하는 사람도 있다. 실제로 일상적으로 술을 계속해서 마시면 몸이 점차 아세트알데하이드에 익숙해져서 2~3

년 뒤에는 얼굴이 빨개지는 반응도 사라진다.

그러나 안타깝게도 아세트알데하이드를 분해하는 유전자가 도중에 강해지는 일은 없다. 몇 년 전부터 다른 효소의 작용으로 계속해서 마시면 술이 세진다는 가능성도 언급되기는 하지만, 과학적으로 아직 제대로 밝혀지지 않았다.

조심해야 할 사람은 계속해서 마시니 예전처럼 얼굴이 빨개지지 않아서 자신의 주량이 늘어났다고 착각하여 음주량을 늘리는 사람이다. 실제 조사에서 사람은 얼굴이 빨개지지 않으면 음주량이 늘어나는 경향이 있었다. 얼굴이 빨개지는 사람은 일주일에 평균 500밀리리터 맥주 두 캔을 마시는 것에 비해, 예전에는 얼굴이 빨개졌으나 현재는 빨개지지 않는다고 답한 사람은 일주일에 평균 500밀리리터 맥주 여덟 캔, 즉 4배나 더 많이 마신다는 조사 결과도 있다.

술을 마시기 시작한 무렵 한 캔 정도의 맥주로도 금방 얼굴이 빨개졌던 기억이 있는 사람은 현재 얼굴이 빨개지지 않더라도 술에 약한 유전자를 갖고 있을 가능성이 크다. 자신이 원래 어떤 체질인지를 고려하여 체질에 맞는 음주를 하는 것이 바람직하다.

유전자 유형마다
술 마시는 방법이 따로 있다

술이 잘 깨는 사람, 잘 깨지 않는 사람

술을 마시면 얼굴이 빨개지는지, 빨개지지 않는지로 질병에 걸릴 위험도가 다르다는 사실을 이야기했다. 사실 술 체질의 차이는 하나가 더 있다. 그것은 술 냄새가 남기 쉬운지, 잘 남지 않는지다. 술 냄새가 좀 나면 어떻냐고 생각하는 사람도 있을지 모르지만, 그것이 알코올 중독에 걸리기 쉬운지를 나타내는 척도가 될 수 있다고 한다.

알코올 중독에 걸리면 건강에 악영향이 있는 것은 물론, 가정 붕괴나 실업 등 인생을 망칠 위험도 있다. 그런 알코올 중독에 빠지기 쉬운 유전자 유형이 있는 것이다.

술에 강한지 약한지, 질병에 걸리기 쉬운지 아닌지를 정하는 것은 아세트알데하이드 분해 효소를 만들어내는 유전자의 차이다. 앞서 술에 강한 정도를 3단계로 구분한다고 말했다. 그런데 그 전에 알코올을 아세트알데하이드로 분해하는 알코올 분해 유전자도 3단계의 강도로 나눌 수 있다.

알코올 분해가 약한 사람은 술이 잘 깨지 않아 다음 날까지 술 냄새가 나는 유형이다. 반대로 알코올 분해가 잘 되는 사람은 술이 잘 깨서 다음 날에는 별 영향을 받지 않는다. 서양인은 아세트알데하이드 분해가 잘 되는 유형이 거의 100퍼센트로, 얼굴이 빨개지는 일도 적고 건강 위험도도 낮지만, 알코올 분해 유전자가 약한 유형이 90퍼센트를 차지한다는 사실이 밝혀졌다. 즉 알코올이 천천히 분해되기 때문에 취기가 금방 깨지 않고 다음 날까지 술기운이 남기 쉽다는 것이다.

반대로 일본인에게 자주 보이는 것은 알코올의 분해 능력만 강한 유형이다. 알코올은 계속해서 분해되어 아세트알데하이드가 되는데, 그 아세트알데하이드는 분해되지 않는 체질이라는 이야기다. 마시면 얼굴이 금방 빨개지고 건강 위험도도 크지만, 대신에 취기가 금방 사라져서 다음 날에는 술기운이 남지 않는다.

이것은 서양과 동양의 술 마시는 방식의 차이에도 영향을 미치고 있는 것으로 알려졌다. 동양에서는 코로나19가 유행하기 전에는 비교적 밤늦게 모두 모여서 마시는 분위기였다. 그중에는 막차 시간까지 마시다가 비틀거리며 집에 돌아가는 사람도 종종 있었다. 그러나 다음 날 회사에서 술 냄새를 풍기는 사람은 그다지 많지 않다. 이것은 알코올 분해가 빠르기 때문이다.

한편 서구에는 다음 날까지 술 냄새가 나는 사람이 많은 편이다. 그래서 문화적으로 아직 날이 밝을 때부터 파티를 하고 밤에 일찍 마치는 경우가 많다. 이는 동양인처럼 밤늦도록 마셨다가는 다음 날까지 술기운이 남기 때문이다.

술 체질 5가지

이처럼 술 체질은 '알코올 분해 유전자'와 '아세트알데하이드 분해 유전자'의 조합으로 결정된다. 각 체질에 어떤 차

		아세트알데하이드 분해		
		약	중	강
알코올 분해	약	E형	C형	A형
	중 또는 강	E형	D형	B형

이가 있을까? 이를 분류하면 크게 5가지 유형으로 나눌 수 있다.

· A형

알코올 분해 효소는 약하고, 아세트알데하이드 분해 효소는 강한 유형. 술을 마셔도 불쾌한 반응은 없지만, 다음 날까지 술기운이 남아 냄새가 난다. 알코올 중독에 걸리기 아주 쉬운 유형으로 서양인에게 많다.

· B형

알코올 분해 효소도 강하고, 아세트알데하이드 분해 효소도 강한 유형. 술을 마셔도 불쾌한 반응이 없고, 아세트알데하이드의 분해도 잘 되기 때문에 다음 날에는 술기운이 남지 않는 유형이다. 단 양쪽의 분해가 계속해서 되기 때문에 간에 부담을 주기 쉽다.

• C형

알코올 분해 효소는 약하고, 아세트알데하이드 분해 효소도 조금 약한 유형. 아세트알데하이드가 천천히 만들어지기 때문에 얼굴이 빨개지는 반응이 조금 약해서 자신은 술이 세다고 착각하기 쉽다. 체내에서 아세트알데하이드에 오래 노출되기 쉬워 식도암에 걸릴 위험이 무척 크다.

• D형

알코올 분해 효소는 강하고, 아세트알데하이드 분해 효소는 조금 약한 유형. 아세트알데하이드가 계속해서 생겨서 얼굴이 빨개지거나 불쾌한 반응이 나오기 쉽다. 다음 날 술기운은 남지 않지만 식도암에 걸릴 위험이 크다.

• E형

아세트알데하이드의 분해가 되지 않는 아주 약한 유형. 알코올의 분해 효소가 강한지 약한지에 상관없이 술을 전혀 마시지 못한다.

얼굴이 빨개지는지 아닌지 혹은 다음 날까지 술기운이 남는지 등의 경험으로 미루어보면 자신의 대략적인 유형을 알 수 있을 것이다. 하지만 자신의 유전자 유형을 정확히 파악하고 술을 마시려면 유전자 검사를 받을 것을 권장한다.

인터넷에서 '유전자 검사'를 입력, 검색하면 많은 유전자 검사 업체가 나온다. 알코올 대사를 알아보기 위해 검사하는 것은 알코올 분해 유전자^{ADH1B}와 아세트알데하이드 분해 유전자^{ALDH2}, 이 두 종류이므로 2가지가 명기되어 있는지 확인하는 것이 좋겠다(한국은 업체에 따라 검사비가 10만~20만 원 정도 든다–옮긴이).

알코올 중독에 걸리기 쉬운 유전자 유형은?

알코올 중독이 어떤 상태를 말하는 것인지에 관한 엄밀한 규정은 없지만, 주로 일이나 가족보다도 술을 우선시하는 상태를 가리켜 알코올 중독이라고 부른다. **일반적으로 알코올 중독에 걸리기 쉬운 사람은 아세트알데하이드의 분해 능력이 높은 사람으로, 앞서 언급한 5가지 유형 중 A형이나 B**

형에 해당하는 사람이 많다고 알려졌다. 일본에서도 약 107만 명이 알코올 중독을 앓고 있는데 사망률도 무척 높다. 어느 병원의 조사에서는 알코올 중독으로 병원을 찾은 사람들의 평균여명이 11년에 지나지 않는 것으로 나타났다.

뇌가 보통의 상태와는 달라져 있어서 자신의 의지로 술을 마시지 않는 것은 대단히 어려운 일이다. 심각한 사태를 방지하기 위해서라도 자신이 어떤 유형인지를 알고 절제하며 술을 마시는 것이 바람직하다.

무알코올 술로 건강하게
'취한 기분' 즐기기

무알코올 맥주의 건강 증진 효과

술을 마시며 느끼는 기분이나 해방감은 매력적이지만, 음주로 인한 질병 발생의 위험에 신경이 쓰이는 사람도 많을 것이다. 맥주의 본고장 독일에서는 지금 무알코올 맥주가 유행하고 있다. 최신 연구에서는 무알코올인데도 '취할' 가능성이 있다는 결과가 나왔다. 무알코올 술로 건강과 즐거움을 모두 얻으려고 시도하는 일선 현장을 취재했다.

독일 뮌헨공업대학의 요하네스 슈어 교수는 다음의 연구를 진행했다. 마라톤 선수들에게 경기 전 3주간과 경기 후

2주간 매일 약 1.5리터의 무알코올 맥주를 마시게 한 것이다. 실험 결과, 선수들의 염증을 나타내는 지표인 혈중농도가 낮아진 것으로 드러났다. 맥주에 함유된 염증 억제 물질인 폴리페놀의 작용이 선수들의 체력 회복을 빠르게 돕는 것은 물론, 호흡기 감염증에 걸릴 위험도 낮추는 효과를 볼 수 있었다. **즉 무알코올 맥주에 함유된 폴리페놀이 힘든 운동을 하는 선수들의 면역력 저하를 예방하는 역할을 한 것으로 보였다.** 연구자들은 이런 건강 증진 작용은 몸에 해가 되는 알코올이 빠진 무알코올 맥주이기 때문에 가능한 것으로 판단하고 있다.

지금 독일에서 무알코올 맥주는 건강을 지향하는 새로

독일에서는 몇 년 전부터 무알코올 맥주가 인기다.

운 술로 하나의 트렌드가 되었다. 현재 1,500곳의 양조장 중 400곳 이상에서 무알코올 맥주를 만들고 있으며 매출도 증가하고 있다. 더불어 각지에서 제조 기술 개발도 이루어지고 있다. 보통 맥주에서 알코올만 증발시키는 특수 장치를 개발하여 맥주 본래의 풍미나 맛을 해치지 않으며 진짜 맥주와 비교해도 손색이 없는 무알코올 맥주를 만들어내고 있다.

일본의 경우 무알코올 맥주는 있지만 독일과는 제조 공법이 다르다. 독일처럼 한 차례 맥주로 만들게 되면 '주세법' 때문에 가격이 상승해버리기 때문이다. 그래서 일본에서는 발효시키기 전의 보리즙에 맛을 더하는 방법으로 무알코올 맥주를 만든다.

맥주에서 알코올만 증발시키는 특수 장치.

무알코올이어도 취하는 기분을 느낀다?

일본에서는 몇 년 전부터 무알코올로 만든 맥주나 칵테일, 와인 등의 판매량이 늘어나고 있다. 술자리 모임에서도 무알코올 술을 고르는 사람이 많아졌다. 무알코올 칵테일을 마시는 한 여성의 이야기를 들어보니 알코올이 없는데도 마시면 취하는 느낌이 있다고 했다. 실제로 최신 연구에서 무알코올 술로도 기분 좋게 취하는 느낌을 받을 수 있다는 사실이 알려졌다.

교토대학과 한 주류업체가 공동으로 진행한 실험에서는 22명의 남녀를 대상으로 무알코올 와인을 150밀리리터씩 마시게 한 뒤 느껴지는 감각 및 기분을 설문조사를 통해 답하도록 했다. 그리고 얼마나 이완됐는지를 나타내는 자율신경 기능에 관해서도 장치를 이용해 계측했다.

그 결과 알코올이 있는 와인을 마셨을 때와 비교하여 흥미로운 결과가 나왔다. **피실험자가 느낀 고양감이나 즐거움의 강도는 무알코올 와인을 마신 뒤에도 보통 와인을 마신 것처럼 수치가 상승한 것이다.**

게다가 자율신경 기능을 보면 알코올이 들어 있는 와인

보다도 무알코올 와인을 마신 쪽이 더 이완될 가능성을 시사했다. 무알코올 맥주나 칵테일로 계측해봐도 같은 결과가 나왔다. 즉 무알코올 술이라도 약간 취한 것 같은 기분의 변화가 일어나는 것이다.

소량으로도 취하는 '도수 높은 술'의 제조 기술을 만들어낸 인류가 지금에 와서는 반대로 술에서 알코올을 빼는 방법을 개발하고 있다는 사실이 흥미롭다. 이는 술이 시대를 뛰어넘어 '사람과 사람을 잇고 사회를 이루는 힘'으로 계속해서 쓰이고 있기 때문이라고 할 수 있다. 인류는 알코올의 유해성에 눈뜬 뒤에도 어떻게든 방법을 모색해 술이 가져다준 선물을 지키려 하는 것인지도 모른다.

도쿄대학 생물학과 오타 히로키 교수는 다음과 같이 이야기했다.

"술이 센 게 좋다거나 약한 게 좋다거나 하는 것이 아니라, 양쪽 다 진화의 산물이며 모두 의미가 있다고 생각하는 게 타당합니다. 이 점을 받아들인 후에 즐겁게 마시는 것이 가장 좋지 않을까요?"

인류와 술의 끊으려야 끊을 수 없는 관계는 바로 인류 진화의 숙명이 아닐까? 알코올이 있든 없든 오늘 밤 마시는 한

잔의 술은 그런 인류와 술의 장대한 역사를 떠올리며 적당
히 즐겨야 할 것이다.

곤도 게이치

(NHK 과학·환경 프로그램 프로듀서)

5장

우리는 왜 끊임없이
맛있는 음식을 찾을까?

맛있음을 느끼는 특별한 능력으로 우리는 진화했다

음식의 가장 중요한 점은 아무래도 '맛있느냐'일 것이다. 맛있는 음식을 먹을 때는 과식하게 되는 한편, 몸에 아무리 좋아도 맛이 없으면 잘 먹지 않게 된다. 그 결과 편식이나 과식으로 인해 수명이 단축되는 상황에 놓이는 일도 적지 않다. 이런 문제의 해결책을 찾기 위해 인간이 맛을 느끼는 원리를 연구하자 진화 과정에서 일어난 놀라운 드라마가 보였다. 우리가 맛에 사로잡히게 된 계기는 공룡의 멸종이었다는 사실이다. 건강을 위협하기까지 하는 인류의 식사를 다시 회복시킬 의외의 방법을 전한다.

쓴맛조차 맛있다고 느끼는
인류의 특별한 능력

쓴맛을 민감하게 느끼는 소믈리에

모든 생물에게 있어 식사란 살아가기 위한 수단이다. 그러나 우리 인간만은 건강을 해치면서까지 맛있는 음식을 원한다. 그 모습은 마치 미식에 빠진 괴물을 떠올리게 한다.

과다 열량을 섭취하게 된다는 것을 알면서도 기름을 잔뜩 넣어 풍미를 높이거나, 시각적으로 먹음직스럽게 만들어서 필요 이상의 식욕을 돋운다. 건강보다도 맛을 추구하는 것이다. 그런데 무슨 이유로 우리 인간만 그렇게 기묘한 진화를 하게 되었을까?

인류의 역사를 거슬러 올라가니 인류의 조상이 살아남기

위해 체득한 '맛있음을 느끼는 특별한 능력'이 지금의 우리에게까지 이어져 내려와 인간만이 가진 '미식 감각'을 만들어냈다는 사실을 알 수 있었다. 우리 취재팀은 그 미식 감각의 비밀을 풀 열쇠를 쥐고 있는 사람들을 만나러 갔다.

인류에게만 있는 탐욕스러운 미식 감각을 만든 첫 번째 요소는 어느 '특별한 맛'에 숨겨져 있었다. 그 특별한 맛이란 맛있음과는 정반대라고 생각되는 '쓴맛'이다. 쓴맛과 미식에 도대체 어떤 관계가 있는 것일까?

그것을 가르쳐줄 사람은 미국 서해안의 대도시 시애틀에 있는 고급 레스토랑에서 와인 소믈리에로 일하는 에이프릴 포그 씨다. 포그 씨는 태생적으로 맛의 작은 차이에 무척 민감한 혀를 갖고 있으며, 그의 훌륭한 와인 감정 능력은 소믈리에 업계에서 표창을 받을 만큼 보증된 것이다. 한 모금 마시기만 해도 와인의 원료가 되는 포도가 어떤 환경에서 자란 것인지까지 모두 알 수 있다고 한다. 그는 맛에 예민한 미식의 혀를 살려서 여러 맛있는 음식과 궁합이 가장 좋은 와인을 골라주고 있다.

포그 씨의 타액을 채취해서 거기에 함유된 유전자를 조사하자, 포그 씨는 쓴맛을 민감하게 느끼는 유전자를 갖고 있음을 알게 되었다. 이 '쓴맛 유전자'가 인류 진화와 깊은 연관이 있는 것이다.

쓴맛 유전자란 본래 어떤 역할을 하는 것일까? 인류와 같은 뿌리에서 갈라진 침팬지 중에도 쓴맛 유전자를 지닌 침팬지와 지니지 않은 침팬지가 있다는 사실이 알려졌다. 우리는 교토대학 영장류연구소로 발걸음을 옮겨 이마이 히로오 교수가 진행하는 실험에서 그 차이를 비교해보았다.

쓴맛 유전자가 있는 침팬지와 없는 침팬지에게 일부러 쓴맛을 묻힌 사과를 준 결과, 쓴맛 유전자가 없는 침팬지는 쓴맛을 느끼기 어려운 탓에 평소와 다름없이 먹었다. 한편 쓴맛 유전자를 가진 침팬지는 쓴 사과를 입에 넣자마자 얼굴을 찌푸리며 뱉어냈다.

사과에 묻힌 것은 식물이 가진 쓴맛 물질이었다. 많은 식물은 동물에게 먹히지 않도록 스스로를 방어하기 위해 잎 등에 독성이 있는 쓴맛 물질을 모아둔다. 그것을 많이 먹으면 위험하므로 민감하게 독의 쓴맛을 알아차리고 배제하는 시스템이 인류의 체내에 갖추어진 것으로 보인다.

우리 혀에도 쓴맛 물질을 느끼는 센서가 있다. 쓴맛이 나는 물질이 입에 들어오면, 그 정보가 뇌에 전달되어 뇌의 미각구역에서 독의 쓴맛을 인식한다. 그러면 반사적으로 먹지 말라는 지시가 떨어져 독을 섭취하지 않도록 배제한다.

인간은 26가지 쓴맛을 느끼는 유전자를 가지고 있다. 그 중 하나인 TAS2R38이라는 유전자는 십자화과 채소의 쓴맛에 반응하는데, 이것이 2개 있는 사람은 쓴맛에 굉장히 민감하다. 하나만 갖고 있어도 민감한 편이라고 볼 수 있다.

쓴맛 유전자를 가진 사람은 더 민감하게 독을 감지해서 순간적으로 피할 수 있는 능력이 있다. 즉 쓴맛 유전자를 가진 와인 소믈리에 포그 씨는 독의 쓴맛에 무척 민감한 혀를 가진 것이다.

그런데 독의 쓴맛에 민감한 혀와 포그 씨가 가진 '미식의 혀'에는 어떤 관계가 있을까? 쓴맛과 미식이 만나는 의외의 이유도 역시 인류 진화에 숨겨져 있다고 추측할 수 있다.

진화 과정에서 인류는 쓴맛의 허들을 뛰어넘었다

약 700만 년 전의 인류 탄생 이후, 우리의 조상은 아프리카 대륙에서 생활해왔다. 그러나 약 6만 년 전, 지구상의 기후 이상으로 한랭화가 일어나고 먹을 것이 부족한 시대가 왔다. 그래서 인류의 조상은 먹을 것을 찾아가기로 마음먹고 새로운 세상으로 여행을 떠났다.

그러나 도착한 곳에서는 익숙한 음식이 보이지 않았고 먹어본 적 없는 먹거리를 먹지 않으면 살아갈 수 없는 처지에 놓였다. 그 과정을 거치며 인류는 의외의 발견을 했다. 쓴맛은 나지만 독이 아니라 오히려 몸을 건강하게 해주는 음식의 존재였다. 그 전까지 배제해왔던 쓴맛 나는 먹거리 중에는 영양가가 있는 음식도 꽤 있었던 것이다.

쓴맛에 겁내지 않고 영양가가 있는 것을 맛있게 먹게 된 인류는 생존의 기회를 늘려갔다. 그런 경험이 축적되자 쓴맛을 '적극적으로 먹고 싶은 맛'으로 기억하기 시작한 것으로 짐작할 수 있다.

이때 인류의 뇌에서는 어떤 특별한 능력이 진화한 것으로 보인다. 주목할 만한 것은 안와전두피질이다. 안와전두피질은 고도로 발달한 뇌 속에서도 특히 더 발달한 곳으로, 정보사령부의 역할을 한다. 혀에서 쓴맛을 느끼면 뇌는 반사적으로 이를 독이라고 인식하는데, 일단 정보사령부가 그대로 받아들인 뒤, 과거의 기억을 참고하여 '이것은 몸에 좋은 쓴맛'

이라고 판단하는 것이다. 그리고 이 쓴맛을 맛있는 음식으로 인지하고 더 먹게끔 식욕을 촉진하는 능력을 발달시킨 것으로 추측된다.

　'쓴맛'을 '맛있음'과 연결해서 기억하는 능력이야말로 미식으로 이어지는 인류의 특별한 능력이다. 이 자체가 다른 동물에게는 없는 능력이라고 교토대학 영장류연구소 이마이

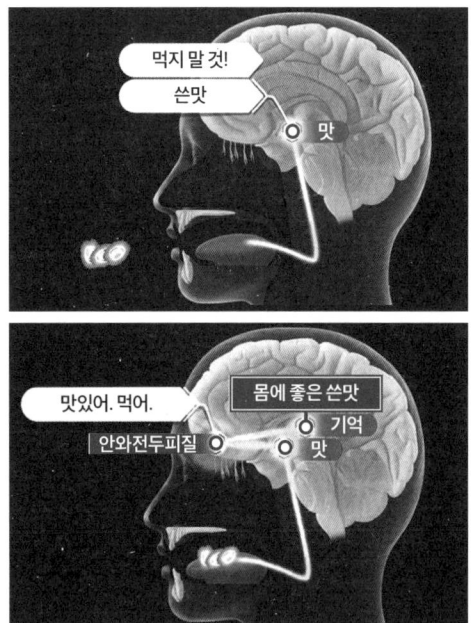

뇌 전두엽에 있는 안와전두피질이라고 불리는 곳이 쓴맛의 정보와 과거에 먹었던 맛의 기억을 연결한다.

교수는 말했다.

"인류는 여러 지역으로 진출하는 과정에서 '쓴맛의 허들'을 뛰어넘어 다양한 먹거리를 먹는 것이 중요해졌으리라고 추측됩니다. 쓴맛을 맛있게 느끼는 것으로 다른 동물에게는 없는 감각이 생겨서 먹을 수 있는 음식이 확대된 것이지요."

맛있다고 느끼는 것은
혀가 아니라 코였다?

공룡의 멸종이 가져온 재미난 이야기

인간은 쓴맛조차도 미식의 묘약으로 바꾸는 특별한 능력을 얻었다. 그러나 인류가 맛있는 음식을 끝없이 탐하는 미식에 빠진 괴물이 된 이유는 다른 데에도 있다는 사실을 알게 되었다.

뉴욕의 카페에서 일하는 리아 호젤 씨는 맛있는 음식을 아주 좋아한다. 그녀는 가게의 새로운 식사 메뉴 개발을 맡을 정도로 뛰어난 미각을 갖고 있었다. 그러나 3년 전 그녀에게 심각한 일이 벌어졌다.

"맛을 전혀 느끼지 못하게 된 거예요. 뭘 먹어도 마치 골

판지를 먹고 있는 듯한 느낌이었지요. 맛을 느끼지 못하니 살아 있다는 실감도 잘 나지 않게 됐어요."

병원에서 진단을 받은 결과, 내려진 병명은 '후각상실증'이었다. 감기로 인해 코의 염증이 악화되어 냄새를 전혀 맡지 못하게 된 것이다.

감기 등으로 코가 막히면 음식 맛도 잘 느끼지 못하게 된다. 그러나 미각과 직접적인 관계가 없는 후각이 기능하지 않는 것만으로 우리는 왜 맛을 느끼지 못하는 것일까?

그 의외의 이유를 밝혀낸 사람은 하버드대학의 세계적인 진화학자 대니얼 리버먼 박사다. 그는 후각과 맛이 관계된 이유는 조상의 얼굴 형태의 진화에 있다고 말했다.

"인류의 조상은 원래 코끝이 긴 얼굴 형태였습니다. 그랬던 것이 코끝이 짧은 얼굴로 진화하게 됐지요. 이를 계기로 조상은 후각을 통해 맛을 강하게 느끼게 된 것입니다."

도대체 무슨 이야기일까? 그 수수께끼를 풀기 위한 이야기는 공룡 시대까지 거슬러 올라간다. 당시 우리의 조상은 코끝이 긴, 쥐와 같은 모습의 작은 동물이었다. 무서운 천적을 피해서 어두운 밤에 예민한 후각에 의존해 살아가는 야행성 동물이었다. 코끝이 길면 코에 들어오는 냄새는 바로 콧속에 있는 후각 세포에 닿기 때문에 후각이 예민해진다는 이점이 있다.

후각 세포를 전자현미경으로 확대해서 보면 돌기가 달린 둥근 것이 보인다. 그것은 모두 냄새를 느끼는 센서다. 인간의 경우 후각 센서의 수가 약 1,000만 개나 되며 약 1조 가지 냄새를 맡을 수 있는 능력이 있다.

후각 센서로 맡은 냄새의 정보는 혀로 느끼는 미각과 같이 뇌의 정보사령부로 전달된다. 그리고 과거에 맡았던 냄새의 기억과 대조해보면서 위험한 냄새가 아닌지 등을 판단한다. 공룡 시대에 야행성이었던 우리의 조상은 긴 코끝으로 무척 예민한 후각을 적극 활용했다.

그러나 약 6,600만 년 전, 지구에 거대한 운석이 충돌하여 공룡이 멸종되었다. 그 후 1,000만 년의 시간이 흐른 뒤, 살아남아 있던 우리 조상은 사는 법을 바꾸게 되었다. 천적이 멸종했으니 낮의 세상으로 진출해서 후각보다 눈을 무기로 살아가도록 진화한 것이다.

주목해야 할 것은 이때 조상의 얼굴 골격에 일어난 커다란 변화다. 야행성이었을 때는 냄새를 느끼기 쉽도록 코끝이 길고, 입과 코 사이가 평평한 모양의 뼈로 나뉘어 있었다.

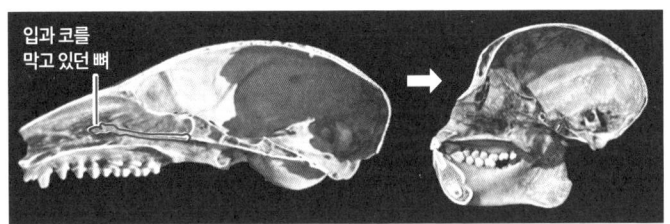

코끝이 길었을 때는 입과 코 사이가 뼈로 막혀 있었다(왼쪽). 코끝이 짧아지자 입과 코의 거리가 가까워지고 냄새와 맛이 섞이게 되었다(오른쪽).

그러나 눈을 사용해서 활동하게 되자 긴 코끝은 필요치 않아져 퇴화하고, 입과 코 사이를 가로막은 평평한 뼈도 없어져서 입에서 목과 코까지 하나로 연결되었다. 이렇게 하나로 연결된 구조야말로 나중에 인류를 미식에 빠진 괴물로 변하게 한 중요한 요소라고 할 수 있다.

얼굴 형태가 변하면서 풍미를 곧 맛이라고 느끼다

인류의 조상은 얼굴 골격이 변하여 입에서부터 목과 코까지 하나로 연결된 구조를 갖게 되었다. 그것이 후각과 미식의 깊은 관계를 구축했다는 사실을 실험으로 밝힌 사람이 예일대학의 고든 셰퍼드 박사다. 셰퍼드 박사는 목부터 코에 걸쳐 하나로 이어진 구조를 모형으로 재현한 뒤, 먹고 있는 도중에 음식의 향 성분이 어떻게 이동하는지를 조사했다.

그 결과 재미있는 사실이 발견되었다. 입안에서 음식을 씹으면 음식에서 다양한 냄새 성분이 대량 발생하여 그것이 먼저 목의 입구까지 퍼진다. 그리고 코로 숨을 내쉬는 순간 공기의 흐름에 따라 대량의 냄새 성분이 목에서 코 내부로 단번에 빨려 들어간다. **그러자 본래는 콧구멍으로 빨아들인 냄새를 감지하기 위해 발달한 후각이, 입안에 있는 음식의 냄새 성분을 강렬하게 느끼게 되는 그야말로 '예상치 못한 진화'가 일어난 것이다.**

맛을 느끼는 혀의 미각 센서는 약 100만 개인 데 비해, 후각 센서는 10배 정도 많은 1,000만 개다. 혀로 느끼는 맛 정보보다 한 자릿수 많은 냄새 성분 정보가 뇌의 정보사령부로 밀려든다. 그 결과 인류는 맛 자체보다 먹고 있는 음식의 향, 즉 풍미를 맛과 강하게 연결해서 기억하게 된 것으로 추측할 수 있다.

셰퍼드 박사는 인간이 느끼는 음식의 맛에 관해서는 미각보다 후각이 훨씬 중요하다고 이야기했다.

"뇌는 대부분 후각에서 오는 정보에 의존해서 맛을 느낍니다. 혀 등의 감각도 중요하지만, 보조적 수단이라고 말해도 될 정도예요."

　인류의 조상은 이런 진화를 통해 무언가를 먹을 때 음식의 풍미를 느끼기 쉬운 인체 구조를 얻었다. 그리고 인류를 미식에 빠진 괴물로 만드는 결정적인 사건이 일어났다. 그것은 약 200만 년 전, 불을 사용하여 조리를 하기 시작한 일이다. 불로 가열한 음식 재료에서는 다양한 냄새 성분이 더욱 풍부하게 생성되고, 그것을 먹으면 입에서 콧속까지 그야말로 풍미의 홍수가 일어나는 상태가 된다. 이런 냄새 성분이 예민한 후각 센서에 계속해서 감지되어 뇌를 격렬하게 자극한 것이다.

　인류는 얼굴 형태의 커다란 변화를 통해, 혀로 느끼는 맛보다 후각으로 느끼는 풍미가 바로 맛이라고 느끼는 특별한 능력을 부산물로 얻게 되었다. 이런 탓에 혀가 느끼는 영양 성분보다 맛있는 풍미에 과다하게 식욕이 돋워지는 '미식 괴물'이 탄생했다. 대니얼 리버먼 박사는 말했다.

　"인간은 미식을 즐기기 위해 진화하지 않았어요. 진화의 과정에서 우연히 풍미야말로 맛이라고 느끼는 능력을 얻게 된 겁니다."

정보가 만들어내는
궁극의 맛

내가 느끼는 맛보다 '맛의 정보'가 중요하다

우리는 이제 영양과는 상관없이 맛의 노예가 되었다. 이 미 맛에 사로잡힌 지금에 와서 몸에 좋은 것을 맛있다고 느 낄 수 있는 '음식과의 이상적 관계'를 회복할 수 있을까?

최신 연구에서 우리 인간은 미각이나 후각으로도 설명할 수 없는 신기한 능력을 지니고 있다는 사실이 밝혀졌다. 그 능력을 활용하면 건강한 음식을 맛있다고 느낄 수 있을지도 모른다.

매일 식사에서 느끼는 '맛있음'을 인체의 어느 부분에서 느낀다고 생각하는가? 맛은 혀로, 풍미는 코로 느끼지만,

'맛있다'는 판단은 거의 뇌의 예상치 못한 작용에 의해 크게 좌우된다는 사실이 최신 연구를 통해 밝혀졌다.

뇌가 '맛있음'을 어떻게 느끼는지 직접 알아보기 위해 실험을 진행하기로 했다. 20대부터 40대까지의 남녀 30명을 모아 A와 B 두 그룹으로 나누었다. 그리고 전원에게 같은 음식 재료를 사용한 포타주 수프와 알리오올리오 파스타를 먹게 했다. 그러자 먹은 요리는 완전히 같은데도 감상평은 전혀 달랐다. A그룹에서는 맛이 싱겁다, 약 같은 맛이 난다며 인기가 없었던 음식을 B그룹은 뒷맛이 좋았다, 담백한 맛이었다고 호평한 것이다. 이 차이는 어디서 생겼을까?

사실은 두 그룹이 음식을 먹을 때 전달된 요리의 메뉴 이름이 달랐다. 수프의 이름을 예로 들자면, A그룹에는 '저지방 우엉 건강 수프', B그룹에는 '참돔 국물로 맛을 낸 포타주'라고 전했다. 알리오올리오도 A그룹에는 '베지누들 주키니호박과 무 볶음'이라고 전한 것에 비해, B그룹에는 '쫄깃 아삭 2가지 면을 이용한 창작 알리오올리오'라고 전했다.

즉 A그룹에는 '저지방', '건강', '무 볶음' 등 맛이 없을 것 같은 메뉴 이름을 전했고, B그룹에는 '참돔 국물', '쫄깃 아삭', '창작' 등 맛있어 보이는 단어를 포함한 메뉴 이름을 전

두 그룹에 똑같이 제공한 요리

	A그룹에 전달한 메뉴 이름	B그룹에 전달한 메뉴 이름
수프	저지방 우엉 건강 수프	참돔 국물로 맛을 낸 포타주
파스타	베지누들 주키니호박과 무 볶음	쫄깃 아삭 2가지 면을 이용한 창작 알리오올리오
식사에 만족한 참가자 비율	**60%**	**87%**

한 것이다. 어느 음식을 먹고 싶은지 묻는다면 아마도 B그룹의 메뉴 이름을 고를 사람이 많을 것이다.

식사에 만족한 참가자의 비율을 조사해보니 A그룹에서는 60퍼센트, B그룹에서는 87퍼센트로 나타났다. 먹은 음식은 완전히 똑같은데 메뉴 이름만으로 이런 차이가 생겼다. **우리의 뇌는 자신의 혀나 후각보다 다른 사람에게 전해 들은 정보로 맛을 느끼는 신기한 능력이 있다.**

이때 뇌에서는 무슨 일이 일어날까? 그 수수께끼를 최신 연구가 밝히고 있다. 쓴맛의 강도가 같은 2개의 액체를 준비했다. 그리고 하나는 강한 쓴맛, 다른 하나는 약한 쓴맛이라고 피실험자에게 전달했다. 2개의 액체를 마셨을 때 뇌의 활동을 살펴보니 흥미로운 결과를 얻을 수 있었다.

주목한 부분은 쓴맛에 대한 혐오감을 만드는 '편도체'라는 뇌 영역의 반응이었다. 강한 쓴맛이라고 전달받은 액체를 마시자 편도체는 강한 혐오감을 나타냈다. 그런데 완전히 같은 정도의 쓴맛인데도 '약한 쓴맛'이라고 전달받아 마신 경우에는 혐오감이 크게 약했다.

이때 뇌 전체의 활동을 살펴보니 다른 한 곳에서 활발한 움직임이 보였다. 그것은 앞에서도 언급한 안와전두피질이었다. 안와전두피질은 미각이나 후각 정보뿐 아니라 인체 오감의 모든 감각 정보가 모이는 곳이다. 그래서 '쓰지 않다'는 정보를 사전에 전달받으면 안와전두피질은 이제부터 먹을 음식의 맛을 '쓰지 않다'고 예측한다. 그 후 실제로 마신 것이 쓴 액체여도 '쓰지 않다'는 판단을 내리는 것이 확인되었다. 선호하지 않는 음식도 누군가에게 "이건 맛있어"라는 말을 듣고 먹으면 그것만으로도 뇌가 '맛있다'고 느낄 수 있다.

공감 능력이 식사를 더욱 특별하게 만든다

왜 내가 느끼는 맛보다 타인에게 전달받는 맛의 정보를 우선시하는 시스템이 우리 뇌에 갖춰진 것일까? 이것도 인류에게서만 보이는 특별한 능력이며, 진화 과정에서 발달한 것으로 추측된다.

이 능력이 생긴 것은 약 6만 년 전으로 거슬러 올라가 인류의 조상이 먹거리를 찾아 아프리카에서 세계 각지로 모험을 떠난 그 고난의 여정에서 찾아볼 수 있다. 최신 연구에서 인류의 뇌 형태의 진화를 자세히 연구하자 흥미로운 사실이 밝혀졌다. 아직 아프리카에 남아 있던 초기 인류의 뇌와 비교하면 이후 세계로 뻗어나간 인류는 오늘날의 인류로 진화하는 사이에 특히 뇌의 전두엽이 크게 발달했다는 사실이 규명되었다.

커진 전두엽에 존재하는 것은 '공동체와의 공감'을 만들어내는 뇌의 중추 '배내측 전전두엽'이다. 집단으로 협력해서 살아남는 길을 선택한 우리 인류의 조상은 타인이 느끼는 희로애락을 마치 자신의 감정인 것처럼 공감할 수 있는 능력을 고도로 발달시켰다. 이 우수한 공감 능력이 인류의 식사에 극적인 변화를 가져왔다고 짐작할 수 있다.

그 전까지 인류의 뇌 속 정보사령부는 자신이 경험한 다양한 맛이나 향의 기억에 의존해 먹을 가치가 있는 것을 정하고, '가치가 있는 것이 곧 맛있는 것'으로 인식했다. 그러나 공감의 중추가 발달하자 생각지 못한 일이 일어나기 시작했다. 공동체의 일원이 새로운 먹거리를 발견해서 맛있게 먹고 있는 것을 보면 공감의 중추가 이에 반응한다. 그러면 뇌의 정보사령부는 공동체의 일원이 먹고 있는 것은 자신에게도 먹을 가치가 있다고 판단하여 그 음식을 맛있는 것으로 기억하도록 한 것이라고 추측된다.

누군가와 함께 먹는 일을 뇌가 중요시하고 느끼는 맛조차 변화시켰다. 우리가 맛을 느끼는 법은 단순히 맛 혹은 냄새의 기억에만 있지 않다. **누구와 같이 먹었는지, 어떤 기분이었는지와 같은 공감의 기억도 중요해졌다.**

북유럽에서 인기 있는
'편식 없애기' 방법

편식을 개선하는 식생활 교육 '사페레'

우리의 뇌는 '메뉴 이름이 무엇인가', '누구와 먹는가' 등 주어지는 정보에 따라 맛의 판단은 물론 생성되는 호르몬의 양까지 바꾼다. 이런 신비한 능력이 있는 인류의 뇌를 효과적으로 이용해서 건강한 식생활로 자연스럽게 이끄는 시도가 이루어지고 있다.

우리 취재팀은 북유럽의 핀란드로 향했다. 그곳에는 이상적인 식사에 가까워질 수 있는 힌트가 넘쳐났다.

핀란드 중남부의 이위베스퀼레는 수도 헬싱키에서 270킬로미터 정도 떨어진 북쪽에 있으며 숲과 호수에 둘러싸여 자연 풍광이 아름다운 마을이다. 이위베스퀼레에서 영양사로 일하는 이바 니카넨 씨의 안내를 받아 지역의 유치원을 찾았다. 이곳에서는 독특한 수업이 연일 이루어지고 있다.

우선 교실 구석에서 구경하고 있자니 아이들이 무엇인가로 눈을 가리기 시작했다.

"이제부터 탐정 놀이를 시작할 거예요."

선생님이 아이들에게 이렇게 이야기하고는 반으로 자른 자몽을 꺼내서 아이들의 코앞에 가까이 댔다.

"어떤 냄새가 나지요?"

냄새만으로 어떤 과일인지를 맞히는 놀이다. 그야말로 탐정이 되어서 추리를 하는 것이다. 눈가리개를 풀면 바로 알 수 있지만, 후각만으로 알아내려면 의외로 시간이 좀 걸린다. 아이들은 고민을 계속했다.

"음, 포도인가?"

"모르겠어요."

"카시스!"

"자몽 아니에요?"

눈가리개를 푼 뒤 자신의 추리가 맞은 아이는 크게 환호했다. 그 외의 추리 게임으로는 주머니 속으로 손을 넣어 들

실제로 만져보고 채소가 좋아진 아이들.

어 있는 채소가 무엇인지 손의 촉감만으로 알아맞히거나, 돋
보기로 과일의 입자가 어떻게 생겼는지를 관찰하는 것 등이
있었다. 모두 아이들의 오감과 호기심을 자극하는 요소로
가득했다.

이렇게 몸의 오감을 이용해서 음식을 접하는 수업은 '사
페레sapere'라고 불리며 현재 아이들의 식생활을 극적으로 개
선하는 시스템으로 커다란 주목을 받고 있다.

다음 날, 다른 교실의 모습을 가만히 지켜보니 아이들이
여러 채소를 둘러싸고 바닥에 앉아 있었다. 브로콜리, 파프
리카, 오이, 토마토, 생강, 무 등 모두 쓴맛이나 신맛이 있어

서 아이들이 좋아하지 않을 법한 채소였다. 보는 것도 싫다는 듯 얼굴을 찌푸린 아이도 있었다.

사페레 수업에 능숙한 사라 선생님은 그런 표정은 아무렇지도 않다는 듯 밝은 목소리로 아이들을 불러 모았다.

"오늘은 우리 모두 마법사가 되어서 채소에 마법을 걸어 봐요!"

선생님은 그렇게 말하고 아이들에게 채소로 인형 놀이를 하게 했다. 브로콜리를 돌리며 관람차 놀이를 하거나 파프리카와 같이 드러눕거나 오이와 함께 점프하면서 신이 난 아이들은 시간 가는 것도 잊고 채소들과의 놀이를 만끽했다.

어느새 수업이 끝을 향해 갈 때, 사라 선생님이 파프리카를 한입 크기로 자르자 "먹고 싶어요!", "파프리카 좋아요!", "맛있어요!" 같은 목소리가 아이들에게서 터져 나왔다. 어느새 파프리카는 모두 아이들의 뱃속으로 들어갔다. 채소를 손에 쥐고 즐겁게 시간을 보낸 것으로 아이들의 호기심이 자극되어 채소에 대한 저항감이 극적으로 낮아진 것이다.

"항상 파프리카를 싫어해서 먹지 않았던 아이가 1시간밖에 되지 않는 수업으로 파프리카를 좋아하게 됐어요! 채소를 접하면서 음식을 소중하게 생각하는 마음이 아이들 마음

속에 커진 거지요. 이렇게 점점 채소를 좋아하게 되는 거랍
니다."

이상적인 식사를 향한 첫걸음은 '식사를 즐기는 것'

사페레는 음식을 적극적으로 접하며 관심을 높여서 식생
활을 개선하는 운동이다. 심리학 관점에서도 바람직한 교육
법이라고 알려졌다.

먼저 특정 음식 재료를 직접 다루면 '단순 노출 효과'를
기대할 수 있다. 단순 노출 효과란, 자극을 반복적으로 주어
서 그에 대한 평가가 향상되는 것으로 접촉 혹은 섭취 경험
이 늘어나면 그 음식에 대한 호감이 증가하는 현상을 말한
다. 그래서 싫어하는 채소가 따로 있는 사람은 그 채소를 접
하는 횟수를 늘리거나 소량이라도 매일 조금씩 섭취하는 방
법으로 싫다는 생각을 약간 누그러뜨릴 수 있다.

즐거운 분위기에서 음식을 접하는 것으로 인한 '기분 일
치 효과'도 기대된다. 기분 일치 효과란, 좋은 분위기가 음식
의 맛에 영향을 주는 것을 말한다. 사페레 수업과 같이 마음

이 설레는 상황에서 음식을 음미하면 지금껏 그다지 맛있다고 느낀 적이 없던 음식이더라도 조금은 맛있게 느끼는 일이 제법 있다.

식생활을 좋은 방향으로 바꾸기에 늦은 시기란 없다. 핀란드에서는 사페레를 성인에게도 적용하여 굉장히 좋은 결과를 얻고 있다는 보고가 있다. 이웃 나라 스웨덴에서는 식욕이 감퇴하고 영양이 불균형한 식사로 건강 상태가 저하되기 쉬운 고령자에게 사페레 교육을 실시한 결과, 양념의 냄새나 채소의 감칠맛을 즐기기 시작한 것은 물론 요리하는 즐거움에까지 눈뜨는 긍정적인 변화가 일어나고 있다고 한다.

사페레의 성과는 우리에게 식사의 진짜 중요한 점이 무엇인지를 가르쳐주는 듯하다. **무언가를 억지로 참는 것이 아니라 좀 더 식사를 즐기는 일에 초점을 맞추는 것이 우리가 바른 식사로 나아가기 위한 첫걸음일지도 모르겠다.**

이상적인 식사란 무엇일까? 이 질문의 답은 단지 '무엇을 먹을 것인가'가 아니라, '인간에게 있어 음식과 식사란 무엇인가'를 알고 난 뒤에야 보일 것이다.

쓴맛을 활용해서
더 맛있게 먹기

쓴맛을 더하면 갓 구운 맛을 느낄 수 있다

우리는 쓴맛을 맛있다고 느끼는 인류의 특별한 능력을
이어받았다. 살기 위해서 쓴맛을 적극적으로 받아들인 것이
'미식의 묘약'으로까지 이어진 것이다.

쓴맛만 나면 그저 괴로울 뿐이지만, 어떤 음식에 쓴맛을
조금만 첨가하면 맛이 좋아지는 효과를 얻을 수 있다.

우리는 NHK의 한 프로그램에서 요리의 다양한 숨은 비
법을 고안한 푸드 코디네이터 이시카와 노리코 씨에게 음식
이 맛있어지는 마법의 액체를 전달받았다. 그 액체를 조금만

넣으면 맛에 깊이가 더해지고 고소함을 느낄 수 있다는 것이다. 그 비밀은 쓴맛에 있었다. 우리 뇌는 적당한 쓴맛을 구수함으로 인식한다.

이 '특제 쓴맛 소스'는 함박스테이크나 볶음밥, 구운 주먹밥, 야키소바, 피자, 그라탕 등 '노릇노릇 구워진 구수함'을 맛있게 느낄 음식이라면 모두 사용할 수 있다. 미타라시당고(간장과 설탕으로 만든 소스를 뿌린 꼬치 경단이다-옮긴이)나 정어리 조림 등에 뿌리면 마치 갓 구운 듯한 구수함이 더해진다. 만드는 데 필요한 재료는 인스턴트커피 가루와 물뿐이며 단 5

음식이 맛있어지는 마법의 '특제 쓴맛 소스'

재료
인스턴트커피 가루 2큰술, 물 2큰술

만드는 법
❶ 인스턴트커피 가루를 프라이팬에 넣어 나무 주걱 등으로 뒤적이며 약불이나 중불에서 2분 정도 가열한다.

❷ 커피 향기가 조금 타는 듯한 냄새로 변하기 시작하면 물을 넣어 가루를 녹인다.

분이면 만들 수 있다.

이렇게 완성된 검은 액체가 '특제 쓴맛 소스'다. 처음에 커피 가루만 넣고 볶는 것은 커피의 향을 날리고 쓴맛만을 남기기 위한 작업이다. 냉장고에서 일주일 정도 보관할 수 있다. 만들 때는 타지 않도록 주의한다. 임신한 사람이나 아이가 있는 가정은 디카페인 인스턴트커피로 만들어볼 것을 추천한다.

이 '특제 쓴맛 소스'를 사용하면 평소 먹는 냉동식품도 간단히 맛있게 만들 수 있다. 전자레인지로 데워 먹는 음식에 조금 뿌리면 막 구운 듯한 향이 난다. 카레에 넣으면 풍미가 깊어져서 성인이 좋아할 맛으로 확 바뀐다.

쓴맛이 맛으로 작용하는 이유

그렇다고 해도 쓴맛을 첨가하는 것으로 갓 구운 느낌이 나거나 맛에 깊이가 더해졌다고 느낀다니 쉽게 이해가 가지 않는다. 쓴맛을 맛있게 느끼는 이유는 3가지다.

첫째, 우리 혀에는 단맛, 짠맛, 감칠맛, 신맛, 쓴맛 등 5가지 맛을 느끼는 센서가 있다. **쓴맛을 함유한 음식을 먹으면 다양한 맛 정보가 뇌를 자극하여 맛의 깊이를 느낀다.**

둘째, 수박에 소금을 뿌리면 달게 느끼는 것처럼 대비효과나 상승효과 같은 '맛끼리의 작용'이 기능한다.

셋째, 무언가를 갓 구운 구수함은 식욕을 자극하는 힘이 강하다. 장어집이나 꼬치구이집 앞을 지날 때 무심코 빨려 들어갈 것 같은 것도 같은 이유다. 따뜻한 음식에 이 쓴맛 소스를 뿌리면 뇌가 '노릇노릇 구워진 쓴맛'을 느끼기 때문에 갓 구운 느낌이 살아나 식욕이 증가한다.

음식의 구수함을 더하기 위해서는 더 간단한 방법도 있다. 그것은 인스턴트커피 가루를 그대로 뿌리는 방법이다. 레어 치즈 케이크에 뿌리면 약간 구운 듯한 느낌이 난다. 레어 치즈 케이크와 막 구운 베이크드 치즈 케이크를 한입에 맛보는 느낌이다.

가루만 뿌릴 때는 입안에 남는 것이 없도록 입자가 고운 가루 형태의 커피를 사용할 것을 권한다. 단, 가루를 너무 많이 뿌리면 맛이 변할 우려가 있으므로 주의해야 한다.

과식을 방지하기 위한
식욕 조절법

만족감을 느끼는 음식 섭취로 폭음이나 폭식을 막는다

지금까지 여러 가지 이상적인 식사의 실천법을 소개했다. 그러나 가장 중요한 것은 '필요 이상으로 먹지 않는 것'이다. 과식하게 되는 이유는 식사에서 만족감을 얻지 못했기 때문일지 모른다. 자신이 정말로 만족한다고 느낄 음식을 먹으면 폭음이나 폭식으로 이어지지 않고 적당한 양을 먹는 선에서 충족된다. 거꾸로 이야기하면 마음속으로 만족할 수 없는 음식을 먹으면 뇌에서도 충족되지 않아 과식을 하게 된다.

그렇다면 몸에 좋으면서도 맛있는 이상적인 식사란 무엇

일까? 앞에서 하루에 탄수화물은 약 200그램, 소금은 5그램 이하, 필수 지방산은 오메가3과 오메가6를 1:2의 비율로 섭취해야 한다고 했다. 핫토리 영양전문학교 강사 기쿠치 신사쿠 씨가 이 조건들을 충족시키면서 몸과 마음 모두 만족할 만한 맛있는 메뉴 3가지를 고안해주었다. 각각의 세부 레시피는 뒤의 부록에 정리했다.

· 탄수화물 균형이 최고! 푸짐한 스테이크덮밥

저렴한 가격의 고기도 굽기 전에 상온에 둬서 냉기를 없앤 뒤 단시간에 구우면 맛있게 구워진다. 스테이크 소스에 폰즈(감귤류 과즙으로 만든 일본의 대표 조미료)를 사용하여 저염, 저탄수화물 조건을 만족시키고, 너무 많이 뿌리지 않도록 걸쭉하게 농도를 맞춘다. 파프리카, 당근, 버섯을 곁들여 요리에 풍성함을 더한다.

· 지방의 황금비율! 다진 전갱이 된장 볶음

전갱이 100그램에 참기름 8.8그램, 몸에 좋은 오메가3와 오메가6의 비율을 1:2로 맞추었다. 두부나 밥 위에 올려 먹거나 면 요리의 고명으로 이용할 것을 추천한다.

- **맛있는 냄새의 3중주! 버섯 치즈피자 토스트**

식이섬유가 많고 칼로리가 낮은 버섯은 씹는 맛이 있어서 식사의 만족감을 높인다. 발효식품인 치즈는 장에 좋은 역할을 할 것으로 기대된다.

그릇의 크기와 그릇을 정리하는 타이밍으로 식욕을 조절한다

음식을 담을 때는 그릇의 크기에도 주의하자. 같은 양도 작은 그릇에 담으면 요리가 풍성해 보이고, 큰 그릇에 담으면 양이 적게 느껴진다. 그래서 비만을 신경 쓰는 사람이라면 음식을 작은 그릇에 담는 것이 좋다. 반대로 식사량이 줄어든 고령자나 잘 먹지 않는 어린이에게는 큰 그릇에 담아준다. 양이 적게 느껴져서 평소보다 잘 먹을 가능성이 크다.

식사 후 빈 그릇은 바로 정리하고 싶은 법이다. 그러나 그릇이나 접시를 바로바로 치우면 식욕이 계속해서 늘어나기 쉽다. 그래서 식사를 다 마칠 때까지 정리하지 않는 것이 바람직하다. 같은 양을 먹었더라도 먹고 난 뒤 접시에 남은 뼈와 조개껍데기 등 '먹은 성과'를 눈으로 확인해야 뇌가 쉽게 만족한다.

우리는 배고픔이나 배부름을 제대로 느낀다고 생각하지만, 의외로 그렇지 않다고 한다. 그릇을 다 먹은 대로 치워버리면 뇌는 아직 다 먹지 않았다고 착각하기 쉽다. 이것은 외식에서도 사용할 수 있는 기술이다. 잘 먹는 구성원이 많아 외식비가 걱정되는 사람이라면, 음식을 먹은 뒤 그릇을 쌓아두는 것이 좋다. 많이 먹었다는 만족감을 느껴 먹는 양이 줄어들 수 있다.

미국의 연구에 따르면 다 먹은 그릇을 그대로 두고 식사를 하면 먹는 양이 평소의 50~75퍼센트에 그친다고 알려져 있다. 반대로 그릇을 치우면 식사량이 1.5~2배로 늘어난다.

과식을 막으려면 누군가와 같이 먹는 것이 좋다

과식은 배고프기 때문이 아니라 뇌가 만족감을 얻지 못했기 때문에 일어난다. 그 채워지지 않은 느낌은 외로움에서 생긴다고 알려져 있다. 반대로 누군가와 같이 밥을 먹으면 스트레스 억제 호르몬인 옥시토신이 분비되어 만족감이 높아진다.

그러나 가족과 생활하는 사람이라면 모를까, 혼자 사는 사람은 아무래도 누군가와 같이 밥을 먹지 못하는 경우가 많다. 그래서 주목받는 것이 화상을 통해 함께 밥을 먹는 시스템이다. 예를 들어 멀리 사는 할아버지나 할머니와 영상통화를 하며 같이 밥을 먹으면 식사의 만족감이 상승한다는 연구 결과가 있다. 코로나19 예방을 위해 퍼진 온라인 회식이나 모임이 떨어져 사는 가족이나 친구와 시간을 보내는 좋은 도구로 계속해서 쓰일 듯하다.

몇 년 전부터 가상현실VR 연구가 활발하게 이루어지고 있다. 효고현 미나미아와지 시는 고향 집에 돌아온 기분을 느낄 수 있는 VR 영상을 발표했다. VR 안경을 끼고 고향 집의 식탁 영상을 보면서 식사를 하는 것이다. 영상을 보면서 먹는 것은 어렵지만 영상을 본 뒤에 느끼는 따뜻한 기분은 식사의 만족도에 영향을 줄 듯하다.

그리고 애니메이션 캐릭터와 함께 먹는 VR, 먹는 장면을 방송하는 유튜브 등 화상을 통해 누군가와 식사를 같이 하는 방식은 앞으로도 새로운 생활양식으로 점점 진화해갈 것으로 예상된다.

'디저트 배'는 정말 따로 있는 걸까?

배부름, 배고픔은 배가 아니라 뇌와 눈으로 느낀다. 그래서 눈앞에 과자가 놓여 있으면 맛있었던 기억이 되살아나 배가 부른데도 무심코 먹게 된다. 과자는 보이지 않는 곳에 숨겨놓아야 먹는 양을 줄일 수 있다.

눈에 띄는 곳이나 손을 뻗으면 닿는 곳은 피하고, 높은 곳이나 서랍에 넣어둔 상자 속 등 되도록 꺼내기 어려운 곳에 두는 것이 좋다. 눈에 띄지 않는 곳도 그렇지만 꺼내기 어려운 곳이 귀찮다고 생각되는 심리적 허들이 있어서 소비가 줄어들 수 있다.

'디저트 배가 따로 있다'는 것은 사실이다. 예를 들어 케이크 등을 눈으로 보면 위장 내 공간에 틈이 생겨 정말 배가 따로 생긴다. 먹을 것을 되도록 보지 않도록 해서 식욕을 조절하는 것이 중요하다.

사사게 에이치

(NHK 과학·환경 프로그램 프로듀서)

음식을 아는 것은 우리를 아는 것

갑작스럽지만, 질문 하나 드리겠습니다.

당신은 무엇을 위해 먹습니까?

건강을 위해? 미용을 위해? 배고픔을 채우기 위해? 그게 아니라면 맛있는 음식을 먹고 행복감을 맛보기 위해? 혹은 누군가와 식사를 같이 해서 사이가 좋아지기 위해?

원래 모든 생물은 영양원이 되는 무언가를 먹어서 살아 갑니다. 식사는 본래 살기 위해서 먹는 것이지요. 그런데 왜 인간은 살기 위해서는커녕 오히려 건강을 해치면서까지 음식을 원하는 기묘한 생물로 진화한 것일까요? 음식을 아는 것은 그야말로 인간을 아는 것이라고 할 수 있습니다. 이것이 우리가 음식과 식사를 주제로 5회나 되는 장대한 시리즈를 만들겠다고 생각한 근본적인 이유입니다.

사실대로 말하자면, 처음부터 그처럼 큰 주제를 마음속에 담고 있었던 건 아닙니다. 계기가 된 것은 "건강과 미용에 좋은 음식은 ○○!"라는 정보나, 이전에 주장하던 것과는 전혀 다른 말을 하는 프로그램이 지나치게 많았기 때문입니다. 그런데 이와 다르게 영양학계의 최신 연구 동향을 진정성 있게 전달하는 방송을 만들고 싶다고 한 프로듀서가 제안해왔습니다.

그러나 그 아이디어를 다른 프로듀서들에게 이야기하자 상상한 것 이상으로 반응이 좋지 않았습니다. 이걸 먹어라, 저걸 먹어라 하는 식으로 가르치는 듯한 이야기를 계속해봤자 시청자들이 별로 좋아하지 않을 것 같다는 반응이 주를 이루었습니다. 바로 인간은 건강이나 미용을 위해서만 먹는 게 아니라는 사실을 깨달은 순간이었지요.

건강하고 아름답게 오래오래 살고 싶지만 맛있는 것도 먹고 싶다고 욕심을 부리는 인류에게 진정 이상적인 식사란 무엇일까요?

이를 알기 위해서는 인류가 처음부터 오늘날에 이르기까지 음식을 어떻게 대해왔는지를 아는 과정, 즉 '식의 기원'을 탐구해봐야겠다는 생각이 들었습니다.

그렇게 마음을 먹고 프로그램 기획을 다시 잡았습니다. 지금껏 세상에 나온 음식 관련 정보 방송이나 서적 등과는 어딘가 색다르면서 완전히 새로운 프로그램의 방향이 보이기 시작했습니다. 자화자찬인 것 같아 쑥스럽지만, 관점의 독창성과 이야기의 새로움이라는 측면에서는 약간의 자신이 있었습니다. 40억 년 전 생명 탄생까지 거슬러 가는 취재를 거듭하고, 최신 과학의 견해와 가설을 바탕으로 1년 이상 걸려 찾아낸 이야기를 방송에 내보내지 못한 부분까지 포함해서 이 책에 담았습니다.

시청자들로부터 "음식이 인간이 인간으로 진화할 수 있었던 이유 그 자체라니 훌륭한 주제다", "익숙한 음식을 다시 보게 됐다", "5회로 끝나는 것이 아쉽다! 꼭 다음 시리즈도 만들어주면 좋겠다" 등 감사한 반응을 다수 받았습니다. 이 책의 독자도 그렇게 느껴주시기를 진심으로 바라고 있습니다.

그리고 이번 〈식의 기원〉 프로젝트에서 새롭게 도전한 것은 NHK의 생활정보 프로그램 〈아사이치〉와의 협업입니다. 깊은 탐구를 즐겨준 〈식의 기원〉과 그 취재 성과를 구체적으로 시청자의 일상 속 식생활에 어떻게 연결할지를 제시한 〈아사이치〉는 2단 도시락 같은 성찬을 만들려고 노력했습니다. 그 결과 〈아사이치〉의 특집도 매회 무척 높은 시청률이 나와 프로그램의 취재 성과를 많은 시청자와 나눌 수 있었습니다.

이 책을 다 읽고 난 뒤에는 여러분의 이상적인 식사가 어떤 것일지 머릿속에 분명히 그려지리라 생각합니다. 이상적인 식사란 결코 모두에게 똑같지 않습니다. 그래서 인류의 식사는 멋진 것이지요!

이노우에 도모히로

(NHK 스페셜 〈식의 기원〉 제작 총괄)

무엇을 어떻게 먹을까?
7가지 이상적인 레시피

인간의 수명을 위협하기도 하고, 건강한 몸을 만들어주기도 하는 것이 바로 식사다.
먹는 일은 곧 사는 일이기도 하다. 어떻게 먹느냐는 어떻게 사느냐와도 이어지는 중
요한 주제라고 할 수 있다.

우리 취재팀은 〈식의 기원〉이라는 프로그램을 준비하면서 어떤 음식을 어떻게 먹는
것이 좋을지 끊임없이 탐구했다. 그중 발견한 7가지 이상적인 레시피를 소개한다.

제작진 추천! 특제 '맛있는 저염' 생선조림 정식

소송채무침   가자미조림

한 끼 염분
약 1.5그램!

돈지루

※ 염분은 가식부(可食部)만 계산함.

소금을 적게 넣어도 충분히 맛있다!

맛있는 음식을 찾다 보면 무심코 소금 섭취량이 늘어난다. 기본적으로 간장이나 된장으로
간을 하는 우리 식생활은 자칫하면 염분 섭취가 증가할 수 있다. 하지만 사실 음식 재료 속까
지 염분이 배게 하지 않아도, 혀가 음식 표면의 짠맛을 느낄 수 있으면 뇌는 충분히 만족한다
는 사실이 알려져 있다.

소개하는 생선조림 정식은 한 끼에 겨우 1.5그램 정도의 염분이 들어간다. 그러면서도 풍부
한 맛을 느낄 수 있다고 크게 호평을 받았다. 각 가정에서도 그 맛을 느껴보면 좋겠다.

가자미조림

간장을 평소의 반으로 줄여도 맛있다!

생선조림을 만들 때는 생선 속까지 간이 스며들게 하려고 장시간 조리거나 간장 양을 늘리기 쉽다. 하지만 가열 시간을 줄이기만 해도 생선 속으로 염분이 들어가지 않아서 필요 이상의 염분 섭취를 줄일 수 있다.

재료(2인분)

- 가자미 2토막(약 200g)
- 표고버섯 1개
- 대파(3cm 길이로 자른 것) 1대
- A ┌ 물 150ml
    ├ 청주 50g
    ├ 설탕 15g
    └ 간장 22g

만드는 법

❶ 가자미는 등뼈를 따라 칼집을 넣는다.

❷ 생선 크기에 맞는 냄비에 ❶을 표고버섯, 대파와 넣은 뒤 A 재료를 모두 넣고 뚜껑을 닫아 센 불에 올린다. 약 2분 뒤 충분히 끓어오르면 3분 30초간 센 불을 유지하며 조린다.

❸ 완성된 가자미와 대파, 표고버섯을 꺼내 접시에 담는다. 냄비에 남은 국물은 조린 뒤 가자미에 끼얹는다.

비법 ❶

가자미처럼 뼈 있는 생선은 속까지 잘 익히기 위해 양쪽에 칼집을 넣는다. 두께가 2cm 이상인 생선살을 요리할 때는 가열 시간을 늘린다.

비법 ❷

높이가 낮은 냄비나 프라이팬은 센 불로 조리할 때 양념이 밖으로 튀기 쉽다. 어느 정도 깊이가 있는 냄비를 사용하는 것이 좋다.

돈지루(일본식 돼지고기된장국)

된장을 평소의 반으로 줄여도 맛있다!

말린 표고버섯을 냉장고 안에서 하룻밤 물에 불린 국물을 육수로 사용한다. 풍부한 감칠맛이 나서 된장을 줄여도 진한 맛을 느낄 수 있다.

재료(2~3인분)

- 돼지고기 삼겹살 100g
- 무 80g
- 당근 80g
- 우엉 40g
- 토란 70g
- 대파 30g
- 곤약 30g
- A ┌ 말린 표고버섯 4장
  └ 물 600ml
- 미소된장 30g

만드는 법

❶ A 재료를 볼에 담고 냉장고에서 하룻밤 불린다.

❷ 삼겹살은 4cm 폭으로 자른다. 무와 당근은 8mm 두께로 자른 뒤 4등분한다. 우엉은 어슷썰고, 토란은 세로로 길게 자른 뒤 반달썰기 한다. 대파는 1.5cm 두께로 굵게 썬다. 곤약은 얇게 썬다.

❸ 삼겹살과 곤약을 데쳐서 건져놓는다.

❹ 냄비에 A 재료를 불린 물까지 함께 넣고 무와 당근, 우엉, 토란, 곤약을 넣어 재료가 부드러워질 때까지 끓인다. 도중에 삼겹살을 넣는다.

❺ 대파를 넣고 불을 끈 뒤 미소된장을 풀어 넣는다.

비법

말린 표고버섯은 냉장고에 넣어 낮은 온도에서 불린다. 저온에서는 구아닐산이 파괴되지 않으므로 말린 표고버섯 본래의 맛으로 감칠맛 가득한 맛국물을 만들 수 있다.

소송채무침

잎채소 고유의 감칠맛이 풍부해 염분을 추가하지 않아도 OK!

잎채소 자체의 맛이 옅으면 자꾸 간장을 더 넣게 된다. 온도 조절에 주의해서 조리하면 간장을 따로 넣지 않고도 맛있는 무침을 만들 수 있다.

재료(만들기 쉬운 양)

- 소송채 6뿌리(1봉지 분량)
- 물 1.5L
- 간장 조금(필요 시)

만드는 법

❶ 깊은 프라이팬에 물을 넣고 끓기 시작하면 소송채 2뿌리를 넣는다.

❷ 15초 정도 데친 뒤 꺼내서 접시에 건져둔다.

❸ 나머지 소송채도 같은 방법으로 데친 뒤 접시에 쌓아서 남은 열로 익힌다.

❹ 알맞게 식으면 먹기 좋은 길이로 자른다.

❺ 이대로 먹어도 맛있지만, 조금 부족하다 싶으면 간장을 약간 넣는다.

비법 ❶

간장을 넣을 때는 스프레이를 이용한다. 간장 사용량을 반으로 줄일 수 있다.

비법 ❷

소송채는 그 자체로 감칠맛 성분인 글루탐산이 풍부하다. 하지만 조리 과정에서 세포가 파괴되면 매운맛 성분이 증가해 감칠맛을 느끼기 어렵다. 되도록 온도 조절에 신경 써서 감칠맛과 매운맛의 균형을 잡는다.

현명하게 염분을 섭취하는 방법은 116쪽에!

푸짐한 스테이크덮밥

탄수화물 균형이 최고!

스테이크 소스에 폰즈를 사용하면 저염, 저탄수화물 요리가 완성된다. 소스는 걸쭉하게 만들어서 많이 붓지 않도록 한다. 파프리카, 당근, 버섯을 곁들여 풍성함을 더한다.

재료(2인분)

- 스테이크용 소고기(등심) 200g
- 빨강·파랑·노랑 파프리카 각 50g
- 당근 60g
- 레몬즙 1작은술
- 소금 약간
- 만가닥버섯, 표고버섯 각 50g
- 소금, 후추 약간
- 폰즈 100ml
- 생고추냉이 12g
- A ┌ 전분 1작은술
   └ 물 1작은술
- 식용유 4g
- 밥 200g

만드는 법

❶ 스테이크용 소고기는 약 30분 전에 냉장고에서 꺼내 상온에 두어 준비하고, 소금과 후추를 뿌린다.

❷ 파프리카와 버섯은 먹기 좋은 크기로 자른다. 당근은 얇게 채썰어 레몬즙과 소금을 뿌린다.

❸ 프라이팬을 예열한 뒤 식용유를 두르고 고기 양면을 각각 50초씩 굽는다. 프라이팬에서 꺼내 2분간 그대로 두고, 남은 열이 고루 퍼지면 먹기 좋은 크기로 자른다.

❹ 같은 프라이팬에 파프리카와 버섯을 넣고 소금, 후추를 뿌려 가볍게 볶는다.

❺ 냄비에 폰즈를 넣고 끓기 시작하면 A 재료를 넣고 잘 섞어준다. 걸쭉해지면 불을 끄고 고추냉이를 넣은 뒤 섞는다.

❻ 접시에 밥을 담고 ❹와 ❸을 올린 다음 당근으로 장식한 뒤 ❺를 붓는다.

> **비법** 저렴한 가격의 고기도 상온에 두어 냉기를 없앤 뒤 단시간에 구우면 맛있게 구워진다.

현명하게 탄수화물을 섭취하는 방법은 50쪽에!

다진 전갱이 된장 볶음

오메가3와 오메가6의 이상적인 비율!

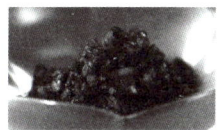

전갱이 100g에 참기름 8.8g이면, 오메가3 지방산과 오메가6 지방산을 이상적인 비율(약 1:2)로 섭취할 수 있다. 그대로 먹어도 맛있고, 요리의 토핑으로 사용하기에도 훌륭하다.

재료(만들기 쉬운 양)

- 전갱이 100g
- 참기름 8.8g
- 첨면장 20g
- 설탕 3g
- 청주 5g
- 간장 5g

만드는 법

❶ 전갱이는 가로세로 5mm 크기로 다진다.

❷ 프라이팬에 참기름을 두르고 ❶을 중불에 볶는다. 색이 변하면 조미료를 모두 넣고 볶으며 충분히 섞는다.

비법

참기름 8.8g은 맞추기 까다로운 양이지만, 이 분량을 맞춰 전갱이 100g과 같이 요리하면 오메가3와 오메가6의 비율이 약 1:2가 된다. 한 번 만들어두면 두부나 밥 위에 올려 먹거나 탄탄면의 토핑으로 이용하는 등 다양하게 즐길 수 있다.

현명하게 지방을 섭취하는 방법은 158쪽에!

버섯 치즈피자 토스트

맛있는 냄새의 3중주!

버섯과 치즈, 빵의 맛있는 냄새가 각각의 매력을 돋운다. 피자치즈를 먼저 올린 뒤 버섯을 올리면 버섯 향이 살아난다.

재료(만들기 쉬운 양)

- 바게트 4쪽
- 양송이 2개
- 만가닥버섯 12개
- 생표고버섯 2개
- 식용유 4g
- 소금, 후추 약간
- 피자치즈 40g
- 토마토소스 28g
- 올리브유 4g
- 물(스프레이용) 약간

만드는 법

❶ 양송이버섯과 생표고버섯을 얇게 자른다. 프라이팬에 식용유를 두르고 중불로 달군 뒤 버섯들을 볶는다.

❷ 빵을 맛있게 굽기 위해 바게트에 물을 3회 뿌려 촉촉하게 한다.

❸ 바게트에 토마토소스를 바르고 피자치즈를 올린다. 그 위에 볶은 버섯을 올리고 올리브유를 두른다.

❹ 오븐토스터로 치즈가 녹을 만큼 굽는다.

비법 ❶

버섯을 볶을 때 자주 뒤적이지 말고, 노릇노릇해졌을 때 하나씩 뒤집으면 버섯 향을 살릴 수 있다.

비법 ❷

토스트를 굽는 시간은 오븐토스터의 사양 및 온도에 따라 다르므로 그에 맞춰 조절해야 한다.

'특제 쓴맛 소스'를 이용한 별미 단품요리 3가지

정어리조림

두부된장구이

미타라시당고

인류는 진화 과정에서 쓴맛을 맛있다고 느끼게 되었다. 그런 특징을 감안하여 뿌리기만 하면 음식이 더욱 맛있어지는 '특제 쓴맛 소스'를 만들었다.

※ '특제 쓴맛 소스'를 약간 첨가하면 갓 구워낸 듯한 구수함이 더해진다.

음식이 맛있어지는 마법의 '특제 쓴맛 소스'

재료(만들기 쉬운 양)

· 인스턴트커피 가루 2큰술
· 물 2큰술

만드는 법

❶ 인스턴트커피 가루를 프라이팬에 넣고 나무 주걱 등으로 뒤적이며 약불이나 중불에서 2분 정도 가열한다.

❷ 커피 향기가 약간 타는 듯한 냄새로 변하기 시작하면 물을 넣어 가루를 녹인다.

현명하게 쓴맛을 활용하는 방법은 252쪽에!

독이 맛있게 변했다!

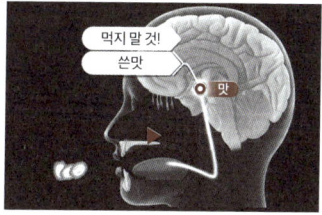

먹지 말 것!

쓴맛

맛

쓴 것을 먹으면 뇌는 반사적으로 독으로 판단해서 피하려고 한다.

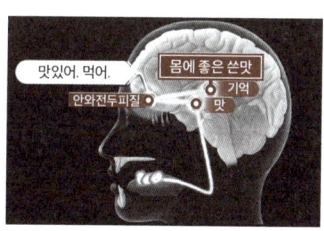

맛있어. 먹어.

몸에 좋은 쓴맛

안와전두피질

기억

맛

독이 아니라 몸에 좋은 쓴맛도 있다는 것을 학습하면 쓴맛을 맛있다고 느끼게 된다.

진화하고 있는
세계의 무알코올 술

몇 년 전부터 무알코올 술이 건강을 해치지 않는다는 점에서 인기를 얻고 있다.
알코올이 들어 있지 않아도 신기하게 기분이 좋아진다는 실험 결과를 확인했다!

최근 무알코올 맥주의 제조 기술이 점점 발달해서 눈으로도 맛으로도
진짜를 구별하기 어려워지고 있다.

알코올 없이도 취한다!

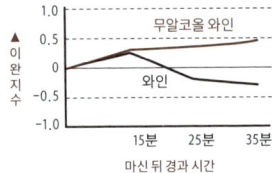

마신 후 이완된 정도를 나타내는 지수
는 오히려 무알코올 와인이 높았다.

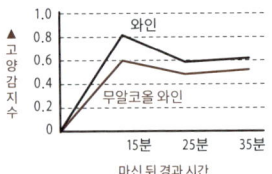

무알코올 와인도 일반 와인을 마셨
을 때와 비슷한 수준으로 기분이 즐
거워진다.

당신의 유전자 유형은?

아세트알데하이드 분해

	약	중	강
약	E형	C형	A형
중 또는 강	E형	D형	B형

(왼쪽 열 머리글: 알코올 분해)

사실 동양인은 절반에 가까운 사람이
술에 약한 유형이다. 이는 타고난 유
전자로 정해진다고 한다. 자신의 음
주량을 돌아보자.

◀ 자세한 내용은 215쪽을 참고.

현명하게 술을 마시는 방법은 206쪽에!

참고문헌

1장

- Masamitsu Hinata et al. Diabetes Research and Clinical Practice 77(2007) 327-332.

- Teresa T. Fung et al. Ann Intern Med. 2010 September 7; 153(5): 289-298.

- Naama Goren-Inbar, Nira Alperson et al. SCIENCE VOL 304 40 APRIL 2004: 725-728.

- Karen Hardy et al. The Quarterly Review of Biology, September 2015, Vol. 90, No. 3.

- Karen Hardy et al. Agronomy 2018, 8, 4.

- Nathaniel J. Dominy et al. Nat Genet. 2007 October; 39(10):1256-1260.

- Mario Falchi et al. Nat Genet. 2014 May; 46(5): 492-497.

- Paul A. S. Breslin et al. J. Nutr. 2012 May; 142(5): 853-858.

- Sara B. Seidelmann et al. Lancet Public Health 2018; 3; e419-28.

- Tsuyoshi Tuduki et al. Nutrition 32(2016) 122-128.

- Tsuyoshi Tuduki et al. J. Oleo Sci. 66, (5) 507-519 (2017).

- Association of urinary sodium excretion with blood pressure and risk factors associated with hypertension among Cameroonian pygmies and bantus: a cross-sectional study.

- The Chehr Abad "Salt men" and the isotopic ecology of humans in ancient Iran.

- Structural and functional changes with the aging kidney.

- Salt reduction in England from 2003 to 2011: its relationship to blood pressure, stroke and ischaemic heart disease mortality.

- Alan Robock(2009) Did the Toba volcanic eruption of ~74 ka B. P. produce widespread glaciation?

- Ninomiya(2011) Relationship Between the Ratio of Serum Eicosapentaenoic Acid to Arachidonic Acid and the Risk of Death: the Hisayama Study.

- Daley(2011) A review of fatty acid profiles and antioxidant content in grass-fed and grain-fed beef.

- Clauss, M.; Grum, C.; Hatt, J. M.(2007) Fatty acid status of captive wild animals: a review.

- 톰 스탠디지 지음, 김정수 옮김, 《세계사를 바꾼 6가지 음료》, 캐피털 북스, 2020.

- 마크 포사이스 지음, 서정아 옮김, 《술에 취한 세계사》, 미래의창, 2019.

- Hominids adapted to metabolize ethanol long before human-directed fermentation.

- N. D. Volkow et al. NeroImage 29 p. 299(2006) Permission from Elsevier

- Wilkinson, J. G. The manners and customs of the ancient Egyptians JOHN MURRAY.

- Effects of alcohol consumption, ALDH2 rs671 polymorphism, and Helicobacter pylori infection on the gastric cancer risk in a Korean population.

- Association between ALDH2 Glu487Lys polymorphism and the risk of esophageal cancer.

- Micro-evolution of ADH and ALDH genes.

- Alcohol use and burden for 195 countries and territories, 1990-2016: a systematic analysis for the Global Burden of Disease Study 2016.

- 요코야마 아키라, お酒を飲んで、がんになる人、ならない人, 세이와쇼 텐, 2017.

- 존 매퀘이드 지음, 이충호 옮김, 《미각의 비밀》, 문학동네, 2017.

- 밥 홈즈 지음, 원광우 옮김, 《맛의 과학》, 처음북스, 2017.

- 로빈 던바 지음, 김학영 옮김, 《멸종하거나 진화하거나》, 반니, 2015.

- Daniel E. Lieberman, The Evolution of the Human Head, Belknap Press, 2011.

- 비 윌슨 옮김, 이충호 옮김, 《식습관의 인문학》, 문학동네, 2017.

- 사카이 노부유키, 香りや見た目で脳を勘違いさせる, 간키슛판, 2016.

- 구사카베 유코, 味わいの認知科学, 게이소쇼보, 2011.

- 야마모토 다카시, 楽しく学べる味覚生理学, 겐파쿠샤, 2017.

- 찰스 스펜스 지음, 윤신영 옮김, 《왜 맛있을까》, 어크로스, 2018.

※ 참고문헌 중 국내에 번역된 책은 해당 번역서 제목으로 표기함.

NHK 스페셜 〈식의 기원^{Origin of Food}〉 전 5회 시리즈

제1회 [밥] 무병장수의 적군인가, 아군인가?

2019년 11월 24일(일) 방영

프로듀서 兼子将敏, 安本浩二, 寺越陽子(あさイチ)

제작 총괄 井上智広

〈취재 협조〉

Bringham and Women's Hospital / Jerusalem University / Monell Chemical Senses Center / Museum in Galilee region / University of Cantabria / DAYTWO / イスラエル大使館 / 農林水産省農産企画課 / 国立健康·栄養研究所 / 国立科学博物館 / 東京都埋蔵文化財センター / 福井県農業試験場 / 浅間縄文ミュージアム / さいたま緑の森博物館 / 秋田大学国際資源学部 / 九州大学 / 京都大学アジア·アフリカ地域研究科 / 東北大学 / 弘前大学 / 目白大学 / JA鶴岡 / 泉の森

Gonen Sharon / Jesus Gonzalez-Urquijo / Naama Goren-Inbar / Paul Breslin / Sara Seidelmann / Scott Solomon / 蒋 楽平 / 李 岳林 / 浅野ゆか / 阿部圭一 / 五十嵐麻衣子 / 石見佳子 / 磯野真穂 / 井村裕夫 / 小川佳宏 / 海部陽介 / 上條信彦 / 菊田 歩 / 菊池有希子 / 窪田直人 / 小林麻子 / 近藤 信 / 齋野裕彦 / 佐々木 洋 / 佐藤洋一郎 / 鈴木良雄 / 高田 明 / 瀧本秀美 / 田中茂穂 / 田所聖志 / 都築 毅 / 中村慎一 / 西 経子 / 野村善博 / 服部正平 / 馬場悠男 / 林 俊郎 / 日向正光 / ぶうちゃん / 伏木 亨 / 藤本なおよ / 松井一貴 / 山崎聖美 / 米田 穣

제2회 [소금] 인류를 매료시킨 진짜 이유

2019년 12월 15일 방영

프로듀서 佐藤 匠, 青木 亮, 伊藤かほり(あさイチ)

제작 총괄 井上智広, 中井暁彦

〈취재 협조〉

Salina Tsuda / World Action on Salt and Health / 京都大学 先制医療·生活習慣病研究センター / 国立健康·栄養研究所 / 国立遺伝学研究所 / 九州大学 五感応用デバイス研究開発センター / 在京イラン·イスラム共和国大使館 / 塩事業センター海水総合研究所 / 塩屋 / ジェネシスヘルスケア / たばこと塩の博物館 / 津軽あかつきの会 / ドイツ鉱山博物館

Abolfazl Aali / Graham MacGregor / Jens Titze / Jonathan Jantsch / Neubert Patrick / Oana Lenco / Thomas Stoellner / 磯田裕義 / 井ノ上逸朗 / 遠藤喜孝 / 川村 誠 / 今野紀文 / 下澤達雄 / 柴田 茂 / 高井正成 / 瀧本秀美 / 田近英一 / 鍋倉淳一 / 土屋恭一郎 / 富樫かおり / 野村尚弘 / 野村善博 / 村田和義 / 檜山武史 / 吉田竜介

제3회 [지방] 발견! 인류를 구할 생명의 기름

2020년 1월 12일(일) 방영

프로듀서 松本祐介, 伊藤英里子, 森 健太(あさイチ)

제작 총괄 井上智広, 城 光一

〈취재 협조〉

Denver Museum of Nature&Science / Inuit Broadcasting Corporation / Qajuqturvik Food Centre / Harvard Museum of Natural History / Mossel Bay Archeology Project / Institut de l´Élevage / 国立がん研究センター / 国立国際医療研究センター / 国立科学博物館 / 京都大学大学院 / 札幌医科大学 / 九州大学大学院医学研究院 / 久山町研究室

Johnny Flaherty / Shiela Flaherty / Rebecca Veevee / Glenn Williams / Christophe Denoyelle / Romain Leboeuf / 秋 康裕 / 有田 誠 / 五十嵐八枝子 / 出穂雅実 / 大崎寿久 / 海部陽介 / 壁谷尚樹 / 小林俊秀 / 新里宙也 / 竹内昌治 / 立和名博昭 / 松岡 豊 / 松村博文

제4회 [술] 마시고 싶어지는 것은 진화의 숙명?!

2020년 2월 2일(일) 방영

프로듀서 近藤慶一, 藤原敬史

제작 총괄 井上智広, 中井暁彦

〈취재 협조〉

Existing Conditions / Distelhaeuser / JOHN MURRAY / MA Productions / The Museum Village Düppel / Ostracon·The British museum / Paulaner Brauerei München / PraterGerten / Proof Bar / TUM Technical University Munich / University of Calgary / アサヒビール / コエドブルワリー / サッポロホールディングス / シャンルウルファ博物館 / 上海崧澤遺址博物館 / ジョージアンワイン協会 / スミソニアン熱帯研究所 / 浙江古越龍山 紹興酒 / トルコ共和国文化観光省 / 三浦酒造

A.Onur Torun / Amanda Melin / Bonnie F.Jacobs / Mareike Janiak / Robert Dudely / 池田和隆 / 井龍康文 / 柿木隆介 / 河江肖剰 / 國松 豊 / 熊谷 貴 / 定藤規弘 / 中村慎一 / 野崎 智義 / 高井正成 / 馬塲匡浩 / 原田宗子 / 松下幸生 / 三浦英樹 / 横山 顕 / 相川はづき / 松井和 花 / 小西彩絵子 / 李 岳林 / 川村 誠 / Kathrin Hysky

제5회 　[미식] 인류의 끝없는 욕망?!　　　　2020년 2월 23일(일) 방영

프로듀서 捧詠一, 東島由幸, 池田大輝(あさイチ)
제작 총괄 井上智広, 城 光一

〈취재 협조〉

Better Buying Lab / Consejo Superior de Investigaciones Científicas / Dassaï Joël Robuchon / Harvard University / Hilton / Jyväskylä Korpilahden päiväkoti / Max Planck Institute for Evolutionary Anthropology / Monell Chemical Senses Center / The Peabody Museum of Archaeology and Ethnology / 京都大学霊長類研究所

A. Janet Tomiyama/ Becky Selengut / Erica Mak / Johannes Gerber / Dana Small / Eeva Nykanen / Markus Bastir / Michael Gruber/ Timothy Rowe / Richard Waite / Roman Wittig / Rui Ni / Tiina Ruppa / Thomas Hummel / 石川伸一 / 今西宣晶 / 柿木隆介 / 菊水健史 / 甲賀大輔 / 坂井信之 / 佐々木 努 / 定藤規弘 / 高井正成 / 高雄元晴 / 竹内俊貴 / 田中伸幸 / 近添淳一 / 都甲 潔 / 友永雅己 / 中田龍三郎 / 西村 剛 / 二ノ宮裕三 / 早川卓志 / 箕越靖彦 / 山本 隆 / 和田有史

인류의 진화는 구운 열매에서 시작되었다
700만 년의 역사가 알려주는 궁극의 식사

초판 1쇄 발행 2022년 05월 20일

지은이 NHK 스페셜 〈식의 기원〉 취재팀
    兼子將敏 (NHK 디렉터) / 佐藤 匠 (NHK 디렉터) / 松本裕介 (NHK 디렉터)
    近藤慶一 (NHK 디렉터) / 捧 詠一 (NHK 디렉터) / 井上智広 (NHK 책임 프로듀서)
옮긴이 조윤주
펴낸이 김기용 김상현

편집 전수현 김승민   **디자인** 이현진
마케팅 조광환 김정아 정지연   **콘텐츠홍보** 김지우 조아현 송유경

펴낸곳 필름(Feelm) 출판사
등록번호 제2019-000086호   **등록일자** 2016년 6월 13일
주소 서울시 영등포구 양평로30길 14, 세종앤까뮤스퀘어 907호
전화 070-8810-6304   **팩스** 070-7614-8226
이메일 office@feelmgroup.com

필름출판사 '우리의 이야기는 영화다'
우리는 작가의 문체와 색을 온전하게 담아낼 수 있는 방법을 고민하며 책을 펴내고 있습니다.
스쳐가는 일상을 기록하는 당신의 시선 그리고 시선 속 삶의 풍경을 책에 상영하고 싶습니다.

홈페이지 feelmgroup.com   **인스타그램** instagram.com/feelmbook

ISBN 979-11-92403-01-4 (03470)